U0221142

SOLIDWORKS 2018 中文版
标准实例教程

胡仁喜 孙立明 等编著

机械工业出版社

本书介绍了当今广泛应用的 CAD/CAM 软件——SOLIDWORKS 在机械零件设计、零件装配、工程图等方面的具体功能、使用方法、操作技巧和相应的文件管理。全书通过讲解和实例相结合的方式,着重介绍了完成某一特定设计任务所遵循的操作过程和步骤,使读者通过学习能够快速掌握三维机械设计的操作基本过程、方法和技巧,达到事半功倍、举一反三的效果。本书可供从事 CAD 技术的工程技术人员参考使用,也可以作为机械类学生学习三维机械设计的教材。

图书在版编目(CIP)数据

SOLIDWORKS 2018 中文版标准实例教程/胡仁喜等编著.—5 版.—北京：机械工业出版社, 2019.11
ISBN 978-7-111-63780-6

Ⅰ.①S… Ⅱ.①胡… Ⅲ.①机械设计－计算机辅助设计－应用软件－教材 Ⅳ.①TH122

中国版本图书馆 CIP 数据核字(2019)第 217182 号

机械工业出版社（北京市百万庄大街 22 号　邮政编码 100037）
责任编辑：曲彩云　　　　责任印制：邹　敏
北京中兴印刷有限公司印刷
2020 年 1 月第 5 版第 1 次印刷
184mm×260mm・20 印张・496 千字
0001－3000 册
标准书号：ISBN 978-7-111-63780-6
定价：69.00 元

电话服务　　　　　　　　　网络服务
客服电话：010-88361066　　机工官网：www.cmpbook.com
　　　　　010-88379833　　机工官博：weibo.com/cmp1952
　　　　　010-68326294　　金 书 网：www.golden-book.com
封底无防伪标均为盗版　　　机工教育服务网：www.cmpedu.com

前　言

SOLIDWORKS 是基于 Windows 原创的三维实体设计软件，全面支持微软的 OLE 技术。它支持 OLE 2.0 的 API 后继开发工具，并且改变了 CAD/CAE/CAM 领域传统的集成方式，使不同的应用软件能集成到同一个窗口，共享同一数据信息，以相同的方式操作，没有文件传输的烦恼，将"基于 Windows 的 CAD/CAE/CAM/PDM 桌面集成系统"贯穿于设计、分析、加工和数据管理整个过程。SOLIDWORKS 因其在关键技术的突破、深层功能的开发和工程应用的不断拓展而成为 CAD 市场中的主流产品。SOLIDWORKS 内容博大精深，基本涉及了平面工程制图、三维造型、求逆运算、加工制造、工业标准交互传输、模拟加工过程、电缆布线和电子线路等应用领域。

SOLIDWORKS 是在总结和继承了大型机械 CAD 软件的基础上，在 Windows 环境下实现的第一个机械 CAD 软件。它在 API 应用方面的创举带动了整个工业，使微软的优秀技术在 CAD/CAE/CAM 的集成上跨越了障碍，并使得各个专业领域的精英能在极短的时间里集中到同一环境的同一个模型数据上。其用户界面友好，运行环境大众化，可以十分方便地实现复杂的三维零件实体造型、装配和生成工程图。今天，SOLIDWORKS 的成功充分证明了 Windows 的原创软件在大规模产品设计和复杂形状建模中的性能高超。

SOLIDWORKS 产品具有以下特色：

➢　超动感的用户界面和独到的特征管理树。

➢　智能化的装配，处理大型装配表现更佳。

➢　动态的运动模拟，直观的干涉检查。

➢　照片级的产品处理效果。

➢　轻便的图形文件 E-mail 传送工具 eDrawing。

全书共分为 10 章。第 1 章简要介绍了 SOLIDWORKS 的基础知识、界面、三维设计思路，并通过一个简单实例进行了具体说明，为读者尽快上手创造了良好的条件；第 2 章～第 5 章详细介绍了实体建模的内容，通过讲解与实例相结合的方式，让读者可以尽快掌握实体建模的方法；第 6 章介绍了曲线与曲面的相关内容；第 7 章介绍了尺寸驱动、零件设计表、计算工具的使用；第 8 章介绍了定义配合关系、装配体检查和爆炸视图等装配体知识；第 9 章介绍了工程图的基本知识，并对图纸格式、各种常见视图的生成、尺寸和注解的添加等内容进行了讲解；第 10 章介绍了平移台零件和装配体的创建过程。

本书编者长期从事 SOLIDWORKS 专业设计实践与教学工作，对 SOLIDWORKS 有很深入的了解。书中的每个实例都是编者独立设计的真实零件，每一章都提供了独立、完整的零件制作过程，每个操作步骤都有简洁的文字说明和精美的图例展示。本书的实例安排本着"由浅入深，循序渐进"的原则，力求使读者"用得上，学得会，看得懂"，并能够学以致用，尽快掌握 SOLIDWORKS 在设计中的诀窍。

编者根据自己多年的实践经验，从易于上手和快速掌握的实用角度出发，侧重于介绍具体的建模方法，以及在建模过程中可能遇到的一些疑难问题的解决方法与技巧。本书在各个章节中先就内容进行讲解，然后配合实际的操作范例介绍 各个部分的重要功能。从零部件效果的要求进行分析，不但介绍了三维模型的建模过程，更从不同角度介绍了建模的思考方式，使读者在学习 SOLIDWORKS 时能够举一反三，触类旁通。

为了配合学校师生利用本书进行教学的需要，随书配赠了电子资料包，内容包含了全书实例操作过程 AVI 文件和实例源文件，以及专为老师教学准备的 PowerPoint 多媒体电子教案。除了本书相关电子资料，编者还免费赠送了大量的 SOLIDWORKS 机械、曲面造型、钣金 设 计 相 关 案 例 源 文 件 和 操 作 过 程 视 频 教 程 。 读 者 可 以 登 录 百 度 网 盘 https://pan.baidu.com/s/1m WhaILhDpH- cR99BqT6Pow（密码：qs7q）进行下载。

本书由胡仁喜、孙立明主要编写。刘昌丽、康士廷、王敏、王玮、孟培、王艳池、闫聪聪、王培合、王义发、王玉秋、杨雪静、卢园、甘勤涛、李兵、路纯红、阳平华、李亚莉、张俊生、李鹏、周冰、董伟、李瑞、王渊峰等参加了部分章节的编写。

虽然几易其稿，但由于时间仓促，加之编者水平有限，书中纰漏与失误在所难免，恳请广大读者登录网站www.sjzswsw.com或联系 hurenxi2000@163.com 予以指正。也欢迎加入三维书屋图书学习交流群（QQ：828475667）进行交流探讨。

编 者

目　录

第 **1** 章

SOLIDWORKS 2018 概述

本章主要介绍了 SOLIDWORKS 的界面、系统设置以及基本应用，并通过软盘盒实例的讲解，使读者能够对 SOLIDWORKS 有个初步了解。

学 习 要 点

- SOLIDWORKS 2018 界面介绍
- 设置系统属性
- SOLIDWORKS 设计思想
- 参考几何体

1.1 初识 SOLIDWORKS 2018

SOLIDWORKS 公司是一家专注于三维 CAD 技术的专业化软件公司该公司它把三维 CAD 作为公司唯一的开发方向，将三维 CAD 软件雕琢得尽善尽美是他们始终不渝的目标。SOLIDWORKS 公司自创办之日起，就非常明确自己的宗旨（三维机械 CAD 软件，工程师人手一套）。正是基于这样一个思路，SOLIDWORKS 公司以其性能优越、易学易用、价格平易而在微机三维 CAD 市场中称雄。SOLIDWORKS 软件是 Windows 原创软件的典型代表。SOLIDWORKS 软件是在总结和继承了大型机械 CAD 软件的基础上，在 Windows 环境下实现的第一个机械 CAD 软件。SOLIDWORKS 软件是面向产品级的机械设计工具，它全面采用非全约束的特征建模技术，为设计师提供了极强的设计灵活性。其设计过程的全相关性，使设计师可以在设计过程的任何阶段修改设计，同时牵动相关部分的改变。SOLIDWORKS 软件完整的机械设计软件包包括了设计师必备的设计工具：零件设计、装配设计、工程制图。

机械工程师使用三维 CAD 技术进行产品设计只是一种手段，而不是产品的终结。使三维实体能够直接用于工程分析和数控加工，并直接进入电子仓库存档，才是三维 CAD 的目的。SOLIDWORKS 在分析、制造和产品数据管理领域采用全面开放、战略联合的策略，并配有黄金合作伙伴的优选机制，能够将各个专业领域中的优秀应用软件直接集成到 SOLIDWORKS 统一的界面下。由于 SOLIDWORKS 是 Windows 原创的三维设计软件，充分利用了 Windows 的底层技术，因此集成其他 Windows 原创软件一蹴而就。所以在不脱离 SOLIDWORKS 工作环境的情况下可以直接启动各个专业的应用程序，实现了三维设计、工程分析、数控加工、产品数据管理的全相关性。SOLIDWORKS 不仅是设计部门的设计工具，也是企业各个部门产品信息交流的核心。三维数据可从设计工程部延伸到市场营销、生产制造、供货商、客户以及产品维修等各个部门，在整个产品的生命周期过程中，所有的工作人员都将从三维实体中获益。因此，SOLIDWORKS 公司的宗旨将"三维机械 CAD 软件，工程师人手一套"，延伸为"制造行业的各个部门，每一个人、每一瞬间、每一地点，三维机械 CAD 软件人手一套"。

1.2 SOLIDWORKS 2018 界面介绍

由于 SOLIDWORKS 是在 Windows 环境下重新开发的，因此它能够充分利用 Windows 的优秀界面，为设计师提供简便的工作界面。SOLIDWORKS 首创的特征管理员能够将设计过程的每一步记录下来，并形成特征管理树，放在屏幕的左侧。设计师可以随时选取任意一个特征进行修改，还可以随意调整特征树的顺序，以改变零件的形状。由于 SOLIDWORKS 全面采用 Windows 的技术，因此在零件设计时可以对零件的特征进行剪切、复制和粘贴等操作。SOLIDWORKS 中每个零件都带有一个拖动手柄，能够实时动态地改变零件的形状和大小。

📖 1.2.1 界面简介

当用户初次启动 SOLIDWORKS 2018 时，首先映入眼帘的是一个启动画面，如图 1-1 所示。通过该对话框的人性化设计，可以使用户充分体会到 SOLIDWORKS 公司以人为本的设计理念。

图1-1 启动画面

因为通过 SOLIDWORKS 2018 可以建立 3 种不同的文件形式——零件图、工程图和装配体，所以针对这 3 种文件在创建中的不同，SOLIDWORKS 2018 提供了对应的界面（这样做的目的只是为了方便用户的编辑）。下面介绍零件图编辑状态下的界面，SOLIDWORKS 2018 界面如图 1-2 所示。

图1-2 SOLIDWORKS 2018界面

由于 SOLIDWORKS 2018 是一个功能十分强大的三维 CAD 软件，所以对应的工具栏也有很多。在本节中只介绍部分常用的工具栏，其他的专业工具栏将在以后的章节中逐步介绍。

（1）菜单栏：这里包含了 SOLIDWORKS 所有的操作命令。

（2）标准工具栏：同其他标准的 Windows 程序一样，标准工具栏中的工具按钮可用来对文件执行最基本的操作，如[新建]、[打开]、[保存]、[打印]等。其中，以下几个工具为 SOLIDWORKS 2018 所特有：

（重建模型工具）：单击该按钮可以根据所进行的更改重建模型。

(文件属性工具)：单击该按钮可以显示激活文档的摘要信息。

（3）设计树：SOLIDWORKS中最著名的技术就是它的特征管理员（Feature Manager），该技术已经成为Windows平台三维CAD软件的标准。此项技术震撼了整个CAD界，SOLIDWORKS不再是一个配角，而是企业赖以生存的主流设计工具。设计树就是这项技术最直接的体现，对于不同的操作类型（零件设计、工程图、装配图），其内容是不同的。但基本上在这个设计树里都真实地记录了操作中所做的每一步（如添加一个特征、加入一个视图或插入一个零件等）。通过对设计树的管理，可以方便地对三维模型进行修改和设计。

（4）绘图工作区：是进行零件设计、制作工程图和装配的主要操作窗口。后面提到的草图绘制、零件装配和工程图的绘制等操作均在这个区域中完成。

（5）状态栏：标明了目前操作的状态。

1.2.2 工具栏的设置

工具栏按钮是常用菜单命令的快捷方式。通过使用工具栏，大大提高了 SOLIDWORKS 的设计效率。由于 SOLIDWORKS 2018 是一个功能十分强大的三维 CAD 软件，所以它所具有的工具栏也异常多。如何在利用工具栏操作方便特性的同时，又不让操作界面过于复杂呢？SOLIDWORKS 2018 的设计者早已为用户想到了这个问题，他们还提供了解决方案——用户可以根据个人的习惯自己定义工具栏，同时还可以定义单个工具栏中的按钮。

1. 自定义工具栏

可根据文件类型（零件、装配体或工程图文件）来设定工具栏的放置和显示状态。此外还可设定哪些工具栏在没有文件打开时可显示。SOLIDWORKS 可记住显示哪些工具栏以及每个文件类型在什么地方显示。例如，在零件文件打开状态下可选择只显示标准和特征工具栏，则无论何时生成或打开任何零件文件，将只显示这些工具栏；对于装配体文件可选择只显示装配体和选择过滤器工具栏，则无论何

时生成或打开装配体文件，将只显示这些工具栏。要自定义零件、装配体或工程图显示哪些工具栏，可做如下操作：

1）打开零件、工程图或装配体文件。

2）选择［工具］|［自定义］或在工具栏区域右键单击，在弹出的快捷菜单中选择［自定义］，则会弹出［自定义］对话框，如图 1-3 所示。

在［工具栏］标签下，选择想显示的每个工具栏复选框，同时取消选择想隐藏的工具栏复选框。

3）当选择下面的［大图标］复选框，系统将以大尺寸显示工具栏按钮。

图1-3 ［自定义］对话框中的［工具栏］选项卡

4）若选择［显示工具提示］复选框后，当鼠标指针指在工具按钮上时，就会出现对此工具的说明。

　　如果显示的工具栏的位置不理想，可以将光标指向工具栏上按钮之间空白的地方，然后拖动工具栏到想要的位置。如果将工具栏拖动到 SOLIDWORKS 窗口的边缘，工具栏就会自动定位在该边缘。

　　2．自定义工具栏中的按钮

　　通过 SOLIDWORKS 2018 提供的自定义命令，还可以对工具栏中的按钮进行重新安排，可以将按钮从一个工具栏移到另一个工具栏，将不用的按钮从工具栏中删除等。如果要自定义工具栏中的按钮，可做如下操作：

　　1）选择［工具］｜［自定义］命令，或在工具栏区域右键单击，在弹出的快捷菜单中选择［自定义］，打开［自定义］对话框。

　　2）单击［命令］标签，打开［命令］选项卡，如图 1-4 所示。

　　3）在［类别］一栏中选择要改变的工具栏。

图1-4 ［自定义］对话框中的［命令］选项卡

　　4）在［按钮］一栏中选择要改变的按钮，同时在［说明］框内可以看到对该按钮的功能说明。

　　5）在对话框内单击要使用的图标按钮，将其拖动放置到工具栏上的新位置，从而实现重新安排工具栏上按钮的目的。

　　6）在对话框内单击要使用的图标按钮，将其拖动放置到不同的工具栏上，就实现了将按钮从一个工具栏移到另一个工具栏的目的。

　　7）若要删除工具栏上的按钮，只要单击要删除的按钮并将其从工具栏拖动放回图形区域中即可。

8）更改结束后，单击［确定］按钮。

1.3 设置系统属性

要设置系统的属性，可选择［工具］｜［选项］命令，打开［系统选项］对话框。

SOLIDWORKS 2018 的［系统选项］对话框强调了系统选项和文件属性之间的不同，该对话框有两个选项卡：

（1）［系统选项］：在该选项卡中设置的内容都将保存在注册表中。它不是文件的一部分，因此这些更改会影响当前和将来的所有文件。

（2）［文档属性］：在该选项卡中设置的内容仅应用于当前文件。

每个选项卡上列出的选项以树型格式显示在选项卡的左侧。单击其中一个项目时，该项目的选项就会出现在选项卡右侧。

1.3.1 设置系统选项

选择［工具］｜［选项］命令，打开［系统选项］对话框中的［系统选项］选项卡，如图 1-5 所示。

图1-5 ［系统选项］选项卡

［系统选项］选项卡中有很多项目，它们以树型格式显示在选项卡的左侧，对应的选项出现在右侧。下面介绍几个常用的项目：

1.［普通］项目的设定

（1）［启动时打开上次所使用的文档］：如果希望在打开 SOLIDWORKS 时自动打开最近使用的文件，则在该其拉列表中选择［始终］，否则选择［从不］。

（2）［输入尺寸值］：建议选择该复选框。选择该复选框后，当对一个新的尺寸进行标注后，会自动显示尺寸值修改框；否则，必须在双击标注尺寸后才会显示该框。

（3）［每选择一个命令仅一次有效］：选择该复选框后，当每次使用草图绘制或者尺寸标注工具进行操作之后，系统会自动取消其选择状态，从而避免了该命令的连续执行。双击某工具可使其保持为选择状态以继续使用。

（4）［采用上色面高亮显示］：选择该复选框后，当使用选择工具选择面时，系统会将该面用单色显示（默认为绿色）；否则，系统会将面的边线用蓝色虚线高亮度显示。

（5）［在资源管理器中显示缩略图］：在建立装配体文件时，经常会遇到只知其名，不知何物的尴尬情况，如果选择该复选框，则在 Windows 资源管理器中会显示每个 SOLIDWORKS 零件或装配体文件的缩略图，而不是图标。该缩略图将以文件保存时的模型视图为基础，并使用 16 色的调色板，如果其中没有模型使用的颜色，则用相似的颜色代替。此外，该缩略图也可以在［打开］对话框中使用。

（6）［为尺寸使用系统分隔符］：选中该复选框后，系统将使用默认的系统小数点分隔符来显示小数数值。如果要使用不同于系统默认的小数分隔符，可取消选择该复选框，此时其右侧的文本框便被激活，可以在其中输入作为小数分隔符的符号。

（7）［使用英文菜单］：SOLIDWORKS 支持多种语言（如中文、俄文和西班牙语等）。如果在安装 SOLIDWORKS 时已指定使用其他语言，通过选择此复选框可以改为使用英文版本。

 注意

必须退出并重新启动 SOLIDWORKS 后，此更改才会生效。

（8）［激活确认角落］：选择该复选框后，当进行某些需要进行确认的操作时，在图形窗口的右上角将会显示确认角落，如图 1-6 所示。

图1-6 确认角落

（9）［自动显示 PropertyManager］：选择该复选框后，在对特征进行编辑时，系统将自动显示该特征的属性管理器。例如，如果选择了一个草图特征进行编辑，则所选草图特征的属性管理器将自动出现。

2．［工程图］项目的设定

SOLIDWORKS 是一个基于造型的三维机械设计软件，它的基本设计思路是：实体造型—虚拟装配—二维图纸。

SOLIDWORKS 2018 推出了更加省事的二维转换工具，通过它能够在保留原有数据的基础上，让用户方便地将二维图纸转换到 SOLIDWORKS 的环境中，从而完成详细的工程图。此外，利用它独有的快速制图功能，可迅速生成与三维零件和装配体暂时脱开的二维工程图，但依然保持与三维的全相关性。这样的功能使得从三维到二维的瓶颈问题得以彻底解决。

下面介绍［工程图］项目中的选项。其中的选项如图 1-7 所示。

图1-7 ［工程图］项目中的选项

（1）［自动缩放新工程视图比例］：选择此复选框后，当插入零件或装配体的标准三视图到工程图时，将会调整三视图的比例以配合工程图纸的大小，而不管已选的图纸大小。

（2）［选取隐藏的实体］：选择该复选框后，用户可以选择隐藏实体的切边和边线。当光标经过隐藏的边线时，边线将以双点画线显示。

（3）［显示新的局部视图图标为圆］：选择该复选框后，新的局部视图轮廓显示为圆。取消选择此复选框时，显示为草图轮廓。这样做可以提高系统的显示性能。

（4）［在工程图中显示参考几何体名称］：选择该复选框后，当将参考几何实体输入工程图中时，它们的名称将在工程图中显示出来。

（5）［生成视图时自动隐藏零部件］：选择该复选框后，当生成新的视图时，装配体的任何隐藏零部件将自动列举在［工程视图属性］对话框中的［隐藏/显示零部件］选项卡上。

（6）[显示草图圆弧中心点]：选择该复选框后，将在工程图中显示模型中草图圆弧的中心点。

（7）[显示草图实体点]：当选择该复选框后，草图中的实体点将在工程图中一同显示。

（8）[局部视图比例缩放]：局部视图比例是指局部视图相对于原工程图的比例，在其右侧的文本框中指定该比例。

3．[草图]项目的设定

SOLIDWORKS所有的零件都是建立在草图基础上的，大部分SOLIDWORKS的特征也都是由二维草图绘制开始。提高草图的功能会直接影响到对零件编辑能力的提高，所以能够熟练地使用草图绘制工具绘制草图是一件非常重要的事。

下面介绍[草图]项目中的选项。其中的选项如图1-8所示。

图1-8 [草图]项目中的选项

（1）[使用完全定义草图]：所谓完全定义草图是指草图中所有的直线和曲线及其位置均由尺寸或几何关系或两者说明。选择此复选框后，草图用来生成特征之前必须是完全定义的。

（2）[在零件/装配体草图中显示圆弧中心点]：选择此复选框后，草图中所有的圆弧圆心点都将显示在草图中。

（3）[在零件/装配体草图中显示实体点]：选择此复选框后，草图中实体的端点将以实心圆点的方式显示。

注意

该圆点的颜色反映草图中该实体的状态，颜色的含义如下：

黑色表示该实体是完全定义的。

蓝色表示该实体是欠定义的，即草图中实体的一些尺寸或几何关系未定义，可以随意改变。

红色表示该实体是过定义的，即草图中的实体中有些尺寸或几何关系，或两者处于冲突中或是多余的。

（4）[提示关闭草图]：选择此复选框后，当利用具有开环轮廓的草图来生成凸台时，如果此草图可以用模型的边线来封闭，系统就会显示[封闭草图到模型边线]对话框。选择[是]，即选择用模型的边线来封闭草图轮廓，同时还可选择封闭草图的方向。

（5）[尺寸随拖动/移动修改]：选择此复选框后，可以通过拖动草图中的实体或在[移动/复制 属性管理器]选项卡中移动实体来修改尺寸值。拖动完成后，尺寸会自动更新。

（6）[打开新零件时直接打开草图]：选择此复选框后，新建零件时可以直接使用草图绘制区域和草图绘制工具。

（7）[尺寸随拖动/移动修改]：选择此复选框后，可以通过拖动草图中的实体或在[移动/复制 属性管理器]选项卡中移动实体来修改尺寸值。拖动完成后，尺寸会自动更新。

 注意

生成几何关系时，其中至少必须有一个项目是草图实体。其他项目可以是草图实体或边线、面、顶点、原点、基准面、轴，或其他草图的曲线投影到草图基准面上形成的直线或圆弧。

（8）[上色时显示基准面]：选择此复选框后，如果在上色模式下编辑草图，网格线会显示基准面看起来也上了色。

在[过定义尺寸]选项组中有以下两个选项：

（1）[提示设定从动状态]：所谓从动尺寸是指该尺寸是由其他尺寸或条件所驱动的，不能被修改。选定此选项后，当添加一个过定义尺寸到草图时，会出现如图 1-9 所示的对话框询问尺寸是否应为从动。

图1-9 将尺寸设为从动

（2）[默认为从动]：选定此选项后，当添加一个过定义尺寸到草图时，尺寸会被默认为从动。

4.[显示/选择]项目的设定

任何一个零件的轮廓都是一个复杂的闭合边线回路，在 SOLIDWORKS 的操作中离不开对边线的操作。该项目就是为边线显示和边线选择设定系统的默认值。

下面介绍[显示/选择]项目中的选项。其中的选项如图 1-10 所示。

（1）[隐藏边线显示为]：这组单选按钮只有在隐藏线变暗模式下才有效。选择[实线]，则将零件或装配体中的隐藏线以实线显示。所谓[虚线]模式是指以浅灰色线显示视图中不可见的边线，而可见的边线仍正常显示。

（2）[隐藏边线选择]选项组有两个复选框：

图1-10 ［显示/选择］项目中的选项

1)［允许在线架图及隐藏线可见模式下选择］：选择该复选框，则在这两种模式下可以选择隐藏的边线或顶点。［线架图］模式是指显示零件或装配体的所有边线。

2)［允许在消除隐藏线及上色模式下选择］：选择该复选框，则在这两种模式下可以选择隐藏的边线或顶点。消除隐藏线模式是指系统仅显示在模型旋转到的角度下可见的线条，不可见的线条将被消除。上色模式是指系统将对模型使用颜色渲染。

（3）［零件/装配体上切边显示］：这组单选按钮用来控制在消除隐藏线和隐藏线变暗模式下模型切边的显示状态。

（4）［在带边线上色模式下显示边线］：这组单选按钮用来控制在上色模式下模型边线的显示状态。

（5）［关联中编辑的装配体透明度］：该下拉列表框用来设置在关联中编辑装配体的透明度，可以选择［保持装配体透明度］和［强制装配体透明度］，其右边的移动滑块用来设置透明度的值。所谓关联是指在装配体中，在零部件中生成一个参考其他零部件几何特征的关联特征，此关联特征对其他零部件进行了外部参考。如果改变了参考零部件的几何特征，则相关的关联特征也会相应改变。

（6）［高亮显示所有图形区域中选中特征的边线］：选择此复选框后，在单击模型特征时，所选特征的所有边线会以高亮显示。

（7）［图形视区中动态高亮显示］：选择此复选框后，当移动光标经过草图、模型或工程图时，系统将以高亮度显示模型的边线、面及顶点。

（8）［以不同的颜色显示曲面的开环边线］：选择此复选框后，系统将以不同的颜色显示曲面的开环边线，这样可以更容易地区分曲面开环边线和任何相切边线或侧影轮廓边线。

（9）［显示上色基准面］：选择此复选框后，系统将显示上色基准面。

（10）[激活通过透明度选择]：选择此复选框后，就可以通过装配体中零部件透明度的不同选择了。

（11）[显示参考三重轴]：选择此复选框后，在图形区域中显示参考三重轴。

1.3.2 设置文档属性

[文档属性]选项卡中设置的内容仅应用于当前的文件，该选项卡仅在文件打开时可用。对于新建文件，如果没有特别指定该文档属性，将使用建立该文件的模板中的文件设置（如网格线、边线显示和单位等）。

选择 [工具] | [选项] 命令，打开 [系统选项] 对话框，单击 [文档属性] 标签，在 [文档属性] 选项卡中设置文档属性，如图 1-11 所示。

图1-11 [尺寸]项目

选项卡中列出的项目以树型格式显示在选项卡的左侧。单击其中一个项目时，该项目的选项就会出现在右侧。下面介绍两个常用的项目。

1. [尺寸] 项目的设定

单击 [尺寸标注] 项目后，该项目的选项就会出现在选项卡右侧，如图 1-11 所示。

（1）[添加默认括号]：选择该复选框后，将添加默认括号并在括号中显示工程图的参考尺寸。

（2）［置中于延伸线之间］：选择该复选框后，标注的尺寸文字将被置于尺寸界线的中间位置。

（3）［等距距离］：该选项栏用来设置标准尺寸间的距离。

（4）［箭头］：该选项栏用来指定标注尺寸中箭头的显示状态。

（5）［水平折线］：［引线长度］是指在工程图中如果尺寸界线彼此交叉，需要穿越其他尺寸界线时，可折断尺寸界线。

（6）［主要精度］按钮：用来设置主要尺寸、角度尺寸以及替换单位的尺寸精度和公差值。

2．［单位］项目的设定

该项目用来指定激活的零件、装配体或工程图文件中所使用的线性单位类型和角度单位类型，如图 1-12 所示。

（1）［单位系统］：该选项栏用来设置文件的单位系统。如果选择了［自定义］单选按钮，则激活了其余的选项。

（2）［双尺寸长度］：用来指定系统的第二种长度单位。

（3）［角度］：用来设置角度单位的类型。其中可选择的单位有度、度／分、度／分／秒或弧度。只有在选择单位为度或弧度时，才可以选择［小数位数］。

图1-12 ［单位］项目

1.4 SOLIDWORKS 的设计思想

SOLIDWORKS 2018 是一套机械设计自动化软件，它采用了大家所熟悉的 Microsoft Windows® 图形用户界面。使用这套简单易学的工具，机械设计工程师能快速地按照其设计思想绘制出草图，尝试运用特征、尺寸及制作模型和详细的工程图。

利用 SOLIDWORKS 2018 不仅可以生成二维工程图，而且可以生成三维零件，并可以利用这些三维零件来生成二维工程图及三维装配体,如图1-13所示。

二维零件工程图　　　　　　　　　　三维装配体

图1-13 SOLIDWORKS实例

📖1.4.1 设计过程

在SOLIDWORKS系统中,零件、装配体和工程都属于对象,SOLIDWORKS采用了自顶向下的设计方法创建对象,如图1-14所示。

图1-14 自顶向下的设计方法

图 1-14 中所表示的层次关系充分说明，在 SOLIDWORKS 系统中：零件设计是核心；特征设计是关键，草图设计是基础。

草图指的是二维轮廓或横截面。对草图进行拉伸、旋转、放样或沿某一路径扫描等操作后即生成特征，如图 1-15 所示。

特征是指可以通过组合生成零件的各种形状（如凸台、切除、孔等）及操作（如圆角、倒角、抽壳等），如图 1-16 所示。

图1-15 二维草图经拉伸生成特征

图1-16 特征

📖 1.4.2 设计方法

零件是 SOLIDWORKS 系统中最主要的对象。传统的 CAD 设计方法是由平面（二维工程图）到立体（三维），如图 1-17 所示，即工程师首先设计出图纸，再由工艺人员或加工人员根据图纸生产出实际零件。然而在 SOLIDWORKS 系统中却是由工程师直接设计出三维实体零件，然后根据需要生成相关的工程图，如图 1-18 所示。

图1-17 传统的CAD设计方法　　　　　　　　　　　图1-18 SOLIDWORKS的设计方法

此外，SOLIDWORKS 系统的零件设计的构造过程类似于真实制造环境下的生产过程，如图 1-19 所示。

装配件是若干零件的组合，是 SOLIDWORKS 系统中的对象，通常用来实现一定的设计功能。在 SOLIDWORKS 系统中，用户先设计好所需的零件，然后根据配合关系和约束条件将零件组装在一起，生成装配件。使用配合关系，可相对于其他零部件来精确地定位零部件，还可定义零部件如何相对于其他的零部件移动和旋转。通过继续添加配合关系，还可以将零部件移到所需的位置。配合会在零部件之间建立几何关系，如共点、垂直和相切等。每种配合关系对于特定的几何实体组合有效。

SOLIDWORKS

由草图拉伸得到

添加特征：
拉伸切除
倒角
得到零件

工程师

获得毛坯

加工毛坯：
打孔
倒角
得到零件

图1-19 在SOLIDWORKS中生成零件

图 1-20 所示为在 SOLIDWORKS 中生成的装配体。它由顶盖和底座两个零件组成，设计、装配过程如下：

1）设计出两个零件。

2）新建一个装配体文件。

3）将两个零件分别拖入到新建的装配体文件中。

4）使顶盖底面和底座顶面［重合］，顶盖底一个侧面和底座对应的侧面［重合］，将顶盖和底座装配在一起，从而完成装配工作。

图1-20 在SOLIDWORKS中生成装配体

用户由设计好的零件和装配件，按照图纸的表达需要，通过 SOLIDWORKS 系统中的命令，生成各种视图、剖面图和轴侧图等，然后添加尺寸说明，得到最终的工程图。图 1-21 所示为一个零件的多个视图。它们都是由实体零件自动生成的，无需进行二维绘图设计，这也体现了三维设计的优越性。此外，当对零件或装配体进行修改时，对应的工程图文件也会相应地修改。

零件　　　　　前视图　　　　　顶视图　　　　　右视图

图1-21 零件的多个视图图

1.5 SOLIDWORKS 术语

在学习使用一个软件之前，需要对这个软件中常用的一些术语进行简单的了解，从而避免对一些语言理解上的歧义。

1. 文件窗口

SOLIDWORKS 文件窗口（见图 1-22）有两个窗格。

图1-22 文件窗口

窗口的左侧窗格包含以下项目：

（1）FeatureManager（特征管理器）设计树列出零件、装配体或工程图的结构。

（2）属性管理器提供了绘制草图及与 SOLIDWORKS 2018 应用程序交互的另一种方法。

（3）ConfigurationManager（配置管理器）提供了在文件中生成、选择和查看零件及装配体的多种配置的方法。

窗口的右侧窗格为图形区域，此窗格用于生成和操纵零件、装配体或工程图。

控标允许在不退出图形区域的情形下动态地拖动和设置某些参数，如图 1-23 所示。

2. 常用模型术语（见图 1-24）

（1）顶点：顶点为两个或多个直线或边线相交之处的点。顶点可选作绘制草图、标注尺寸以及用于许多其他用途。

（2）面：面为模型或曲面的所选区域（平面或曲面），模型或曲面带有边界，可帮助定义模型或曲面的形状。例如，矩形实体有 6 个面。

（3）原点：模型原点显示为灰色，代表模型的(0，0，0)坐标。当激活草图时，草图原点显示为红色，代表草图的(0，0，0)坐标。尺寸和几何关系可以加入到模型原点，但不能加入到草图原点。

（4）平面：平面是平的构造几何体。平面可用于绘制草图、生成模型的剖视图以及用于拔模特征中的中性面等。

（5）轴：轴为穿过圆锥面、圆柱体或圆周阵列中心的直线。插入轴有助于建造模型特征或阵列。

图1-23 控标

平面　原点　顶点　面

图1-24 常用模型术语

（6）圆角：圆角为草图内或曲面或实体上的角或边的内部圆形。

（7）特征：特征为单个形状，如果与其他特征结合则构成零件。有些特征，如凸台和切除，则由草图生成。有些特征，如抽壳和圆角，则为修改特征而成的几何体。

（8）几何关系：几何关系为草图实体之间或草图实体与基准面、基准轴、边线或顶点之间的几何约束，可以自动或手动添加这些项目。

（9）模型：模型为零件或装配体文件中的三维实体几何体。

（10）自由度：没有由尺寸或几何关系定义的几何体可自由移动。在二维草图中有 3 种自由度：沿 X 和 Y 轴移动以及绕 Z 轴旋转（垂直于草图平面的轴）。在三维草图中有 6 种自由度：沿 X、Y 和 Z 轴移动，以及绕 X、Y 和 Z 轴旋转。

（11）坐标系：坐标系为平面系统，用来给特征、零件和装配体指定笛卡儿坐标。零件和装配体文件包含默认坐标系；其他坐标系可以用参考几何体定义，用于测量工具以及将文件输出到其他文件格式。

1.6　参考几何体

［参考几何体］工具栏如图 1-25 所示。

图1-25 ［参考几何体］工具栏

1.6.1　基准面

基准面主要应用于零件图和装配图中。可以利用基准面来绘制草图，生成模型的剖视图，用于拔模特征中的中性面等。

SOLIDWORKS 提供了前视基准面、上视基准面和右视基准面三个默认的相互垂直的基准面。通常情况下，用户在这三个基准面上绘制草图，然后使用特征命令创建实体模型即可绘制需要的图形。但是，对于一些特殊的特征，如创建扫描和放样特征却需要在不同的基准面上绘制草图，才能完成模型的构建，这就需要创建新的基准面。

创建基准面有 6 种方式：

（1）通过直线和点方式：用于创建一个通过边线、轴或者草图线及点或者通过三点的基准面。

（2）平行方式：用于创建一个平行于基准面或者面的基准面。

（3）两面夹角方式：用于创建一个通过一条边线、轴线或者草图线，并与一个面或者基准面成一定角度的基准面。

（4）等距距离方式：用于创建一个平行于一个基准面或者面，并等距指定距离的基准面。

（5）垂直于曲线方式：用于创建一个通过一个点且垂直于一条边线或者曲线的基准面。

（6）曲面切平面方式：用于创建一个与空间面或圆形曲面相切于一点的基准面。

1.6.2　基准轴

基准轴通常用在生成草图几何体时或者圆周阵列中使用。每一个圆柱和圆锥面都有一条轴线。临时轴是由模型中的圆锥和圆柱隐含生成的，可以选择菜单栏中的[视图]→[临时轴]命令来隐藏或显示所有临时轴。

创建基准面有 5 种方式：

（1）一直线/边线/轴方式：选择一草图的直线、实体的边线或者轴，创建所选直线所在的轴线。

（2）两平面方式：将所选两平面的交线作为基准轴。

（3）两点/顶点方式：将两个点或者两个顶点的连线作为基准轴。

（4）圆柱/圆锥面方式：选择圆柱面或者圆锥面，将其临时轴确定为基准轴。

（5）点和面/基准面方式：选择一曲面或者基准面以及顶点、点或者中点，创建一个通过所选点并且垂直于所选面的基准轴。

1.6.3　坐标系

用户可以定义零件或装配体的坐标系。此坐标系与测量和质量属性工具一同使用，可将SOLIDWORKS 文件输出至 IGES、STL、ACIS、STEP、Parasolid、VRML 和 VDA 文件。

1）选择菜单栏中的[插入]→[参考几何体]→[坐标系]命令，或者单击[参考几何体]工具栏中的[坐标系]图标 ，此时系统弹出如图 1-26 所示的[坐标系]属性管理器。

2）在[原点]一栏中选择点，在[X 轴]一栏中选择边 1，在[Y 轴]一栏中选择边 2，在[Z 轴]一栏中选择边 3。

3）单击[坐标系]属性管理器中的[确定]按钮 ✔，创建一个新的坐标系。此时所创建的坐标系也会出现在[FeatureManager 设计树]中，如图 1-27 所示。

图1-26 [坐标系]属性管理器　　　　　　图1-27 FeatureManager设计树

 注意

在[坐标系]属性管理器中，每一步设置都可以形成一个新的坐标系，并可以单击方向图标按钮调整坐标轴的方向。

1.7 零件的显示

零件建模时，SOLIDWORKS 提供了默认的颜色、材质及光源等外观显示。还可以根据实际需要设置零件的颜色、纹理及透明度，使设计的零件更加接近实际情况。

1.7.1 设置零件的颜色

设置零件的颜色包括设置整个零件的颜色属性、设置所选特征的颜色属性以及设置所选面的颜色属性。

1. 设置零件的颜色属性

1）右键单击[FeatureManager 设计树]中的文件名称[底座平板]，在弹出的快捷菜单中选择[外观]图标 →[底座][编辑颜色]图标，如图 1-28 所示。

2）系统弹出如图 1-29 所示的[颜色]属性管理器，在[颜色]一栏中选择需要的颜色，然后单击属性管理器中的[确定]图标 。此时整个零件以设置的颜色显示。

2. 设置所选特征的颜色属性

1）选择需要修改的特征。在[FeatureManager 设计树]中选择需要改变颜色的特征，可以按 Ctrl 键选择多个特征。

2）执行命令。右键单击所选特征，在弹出的快捷菜单中选择[外观]图标 →[烟灰缸][编辑颜色]图标，如图 1-30 所示。系统弹出如图 1-30 所示的[颜色]属性管理器。

3）设置属性管理器。在[颜色]一栏中选择需要的颜色，然后单击属性管理器中的[确定]按钮 。此时零件如图 1-31 所示。

3. 设置所选面的颜色属性

1）选择修改面。右键单击图 1-31 中的面 1，此时系统弹出如图 1-32 所示的快捷菜单。

2）执行命令。在快捷菜单的[面]一栏中选择 [外观]图标 →[面<1>@切除-拉伸 1]选项，此时系统弹出如图 1-29 所示的[颜色]属性管理器。

3）设置属性管理器。在[颜色]一栏中选择需要的颜色，然后单击属性管理器中的[确定]按钮 ✔。此时零件如图 1-33 所示。

图1-28 设置颜色快捷菜单

图1-29 [颜色]属性管理器

图1-30 设置颜色快捷菜单

图1-31 设置颜色后的图形

图1-32 设置颜色快捷菜单　　　　　　　　　　图1-33 设置颜色后的图形

1.7.2 设置零件的透明度

在装配体零件中，外面的零件遮挡内部的零件，给零件的选择造成困难。设置零件的透明度后，可以透过透明零件选择非透明对象。

1）执行命令。右键单击[FeatureManager 设计树]中的文件名称[烟灰缸]，此时系统弹出如图 1-34 所示的快捷菜单，在[烟灰缸]一栏中选择[外观]图标　→[烟灰缸][编辑 颜色]图标。系统弹出[颜色]属性管理器，如图 1-35 所示。

图1-34 设置透明度快捷菜单　　　　　　　图1-35 [颜色]属性管理器

2）设置透明度。在该属性管理器中单击[高级]按钮，在[照明度]的[透明量]一栏中调节所选零件的透明度。

3）确认设置的透明度。单击属性管理器中的[确定]按钮 ✓，结果如图 1-36 所示。

图1-36 设置透明度后的图形

 注意

在[颜色]属性管理器中除了可以设置零件的颜色和透明度外，还可以设置其他光学属性，如环境光源、反射度、光泽度、明暗度和发射率等。通过设置以上参数可以把零件渲染为真实实体的效果。

1.8 入门实例——软盘盒

为了使读者能够更好地理解 SOLIDWORKS 强大的三维实体造型功能，更为了能够迅速地进入 SOLIDWORKS 的世界，掌握它的一般绘制过程，本章将创建一个实体零件——软盘盒，如图 1-37 所示。本节先从最基础的操作讲起，中间会用到 SOLIDWORKS 的许多基本功能，如果读者有不太明白的，不要担心，在以后的章节中会对它们进行详细介绍。

本案例视频内容："X：\动画演示\第 1 章\软盘盒.avi"。

图1-37 实体零件——软盘盒

1.8.1 文件的基本操作

开始一项新工作时，用户必须学会文件的建立、打开、保存和存储等最基本的操作。由于 SOLIDWORKS 是在 Windows 环境下重新开发的，故它能够充分利用 Windows 的优秀界面，为设计师提供简便的工作界面。

1. 启动 SOLIDWORKS 2018

1）单击 Windows 任务栏上的 [开始] 按钮。

2）单击［程序］｜［SOLIDWORKS 2018］｜［SOLIDWORKS 2018］命令。

3）出现 SOLIDWORKS 的主窗口，如图1-38所示。

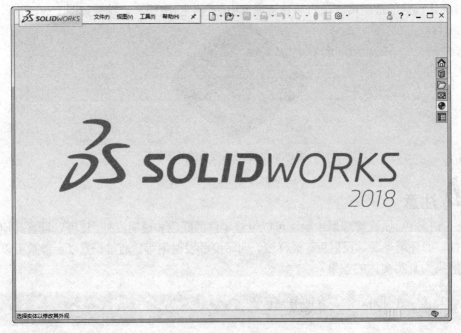

图1-38 启动SOLIDWORKS 2018

2. 建立新的零件文件

1）单击 SOLIDWORKS 主窗口中的［新建文件］按钮，也可以单击标准工具栏上的新建按钮，或者选择［文件］｜［新建］命令。

2）在弹出的［新建 SOLIDWORKS 文件］对话框中单击［零件］图标，如图 1-39 所示。建立一个新的零件文件。

图1-39 ［新建SOLIDWORKS文件]对话框

3．保存文件

设计工作完成后应及时存盘，以防由于各种原因而丢失数据，造成不必要的损失。保存操作主要针对当前活动窗口中的文件。

1）单击标准工具栏中的［保存］按钮或者选择［文件］｜［保存］命令。

2）在弹出的［另存为］对话框中选择保存的路径和文件名称，如图1-40所示。

3）单击［保存］按钮，文件即可被保存。

图1-40 ［另存为］对话框

4）如果选择了［另存为副本并继续］复选框，则以新名称或路径保存装配体文档副本，而不替换活动文档。用户将继续在原来的装配体文件中工作。

有时为了安全起见，用户需要将一个文件进行备份，通常是将文件存储为一个新的名称，或是将其存储为同一个名称但在不同的目录下，或者用不同名称存储在不同的目录下。要将一个文件进行备份，选择［文件］｜［另存为］命令即可，其他操作过程与保存文件类似。

4．打开文件

要打开一个已经存在的文件，首先要了解文件的类型，因为名字相同的文件扩展名不同，表示的文件不同。表1-1是SOLIDWORKS中常用的文件名扩展名。

了解文件名的扩展名含义后，便可以打开一个已经存在的文件了。

1）单击SOLIDWORKS的主窗口中的［打开］按钮，也可以单击标准工具栏中的打开按钮，或者选择［文件｜打开］命令。

2）在弹出的［打开］对话框（见图1-41）中设定正确的文件存储目录，并在文件列表区域中选择欲打开的文件。

表1-1 常用文件扩展名

类　型	文件扩展名
零件	.prt 或.sldprt
装配体	.asm 或.sldasm
工程图	.drw 或.slddrw
EDrawing	.eprt
零件模板	.prtdot
装配体模板	.asmdot
工程图模板	.drwdot

图1-41 [打开]对话框

3）单击［打开］按钮，便打开该文件了。

1.8.2 生成基体特征

创建零件的第一步是创建基体特征，也就是零件的[理想化毛坯]，或者说是零件的雏形、基体。

1. 绘制第一张二维草图

大部分 SOLIDWORKS 的特征都是从二维草图绘制开始，所以能够熟练地使用草图绘制工具绘制草图非常重要。二维草图为一组基准面或面上的直线和其他二维物体，它们可形成像基体或凸台这样特征的基础。

1）单击[草图]操控面板上的[草图绘制]按钮 ，或选择［插入］｜［草图绘制］命令。此时在［前视］基准面上打开一张草图。

2）单击[草图]操控面板上的[矩形]按钮 ，或选择［工具］｜［草图绘制实体］｜［矩形] 命令。

3）将鼠标指针移到草图原点处，当鼠标指针变为 形状时，表示指针正位于原点上。单击并移动鼠标指针以生成矩形。当移动鼠标时，鼠标指针处会显示该矩形的尺寸，如图1-42所示。

图1-42 绘制矩形

4）单击完成矩形的绘制。

5）单击选择按钮 。此时与原点接触的矩形两边为黑色，表示这两边不可以自由调整；其他两条边为蓝色，表示它们可以自由调整。

6）单击并拖动蓝色边，即可调整矩形的大小。

虽然在上面的步骤中调整了矩形的尺寸，而且SOLIDWORKS不要求在使用草图生成特征之前预先标注草图尺寸，但是在此例中为了说明标准尺寸的操作，将添加尺寸以完全定义草图。

当给草图添加尺寸时，状态栏中将显示草图的状态。任何SOLIDWORKS草图均处于以下3种状态之一：

①完全定义草图：在这种状态下，所有实体的位置均由尺寸或几何关系或二者充分说明。所有实体的颜色均为黑色。

②欠定义草图：在这种状态下，需要添加额外的尺寸或几何关系才可以完全指定几何体。用户可以拖动欠定义的草图实体进行修改。所有实体的颜色均为蓝色。

③过定义草图：在这种状态下，一个对象具有互相矛盾的尺寸、几何关系。所有实体的颜色均为红色。

7）为矩形标注尺寸的操作步骤如下：

①单击[草图]控制面板上的[智能尺寸]按钮 ，或者选择 [工具] | [标注尺寸] | [智能尺寸] 命令，此时鼠标指针变为 形状。

②单击矩形的顶边，然后单击放置尺寸的位置。右侧的竖直边线由蓝色变成黑色。通过标注矩形顶边的长度，最右侧线段的位置已被完全定义，但仍可以上下拖动顶边。顶边为蓝色，表示其仍处于欠定义状态。

③单击矩形的右侧边，然后单击以放置尺寸。顶边和其余顶点均变为黑色。窗口右下角的状态栏显示草图已经完全定义，如图1-43所示。

图1-43 完全定义后的草图

图1-44 修改尺寸

8）更改标注的尺寸值：

①单击[草图]控制面板上的[智能尺寸]按钮🏹。

②双击要更改的尺寸，此时出现［修改］对话框，当前的尺寸高亮度显示，如图 1-44 所示。

③在微调框中键入 100mm，然后单击按钮✔。草图将根据新的尺寸更改大小，即尺寸数值更改为 100mm。

④单击前导视图控制栏上的整屏显示全图按钮🔍，或选择［视图］|［修改］|［整屏显示全图］命令，以显示整个矩形的全图并使其居于图形区域中央。

⑤双击另一尺寸，并将其数值更改为 100mm。

⑥再次单击整屏显示全图按钮🔍，整屏显示全图。

2．创建基体拉伸特征

在任何零件中，第一个特征称为基体特征。下面通过拉伸所绘制的矩形来生成软盘盒的基体特征。

1）单击[特征]控制面板上的[拉伸凸台/基体]按钮🞐，或选择［插入］|［凸台/基体］|［拉伸］命令。此时，［凸台-拉伸］属性管理器出现在左侧面板上，草图视图变为等轴测视图，如图 1-45 所示。默认情况下，拉伸深度被设定为 10mm。

2）在［方向1］下执行如下操作：

①将［终止条件］设置为［给定深度］。

②将深度由系统默认的 10mm 修改为 47mm。

3）单击按钮✔，生成拉伸特征。新特征［凸台-拉伸 1］出现在 FeatureManager 设计树中。

4）为了方便查看整个模型，可以按 Z 键将视图缩小，或按 Shift＋Z 组合键将视图放大。

5）单击 FeatureManager 设计树中［凸台-拉伸 1］旁的加号，将看到用于拉伸特征的［草图 1］已经列于此特征之下了，如图 1-46 所示。

图1-45　［凸台-拉伸］属性管理器

图1-46　拉伸特征

3．添加切除特征

要在零件上生成新的特征（如切除或凸台），可以在模型的面或基准面上绘制草图，然后加以拉伸或切除。

注意

SOLIDWORKS 允许每次在一个面或基准面上绘制草图，然后基于一个或多个草图生成特征。

下面介绍在基体的侧面添加一个切除特征的操作步骤。

1）单击[前导视图]控制栏上的[线架图]按钮，或者选择［视图］｜［显示］｜［线架图］命令。

2）将鼠标指针移到零件的侧面，该面的边线变成黄色，表示此面可供选择。鼠标指针变成，表示正在选择此面。

3）单击零件的右侧面以选取该面，该面的边线变成实线且颜色改变，表示该面被选中，如图1-47所示。

4）单击[视图（前导）]工具栏[视图定向]中的[正视于]按钮，系统将采用正视于该面的视图，如图1-48所示。

图1-47 选取零件右侧面

图1-48 [正视于]被选面视图

5）单击[草图绘制]按钮，或右键单击图形区域内的任何位置，在弹出的快捷菜单中选择［草图绘制］命令，打开一张草图。

6）单击[草图]操控面板上的[直线]按钮，拖动鼠标指针到矩形的顶边处，当鼠标指针变为时，表示指针正位于顶边上。

7）单击后开始移动鼠标指针，当移动鼠标时会显示线段的尺寸。按 Esc 键，退出直线的绘制，从而完成直线1的绘制，如图1-49所示。

8）单击[草图]操控面板上的[切线弧]按钮，当鼠标指针变为时，表示鼠标指针位于直线的端点。单击后移动鼠标，再次单击完成圆弧1的绘制，如图1-50所示。

9）再次选取直线按钮，绘制直线2、直线3和直线4，从而形成一个封闭图形，如图1-51所示。

10）单击[草图]控制面板上的[智能尺寸]按钮，或右键单击图形区域中的任何位置，并从弹出的快捷菜单中选择［标注尺寸］命令。

11）标注封闭图形的尺寸，如图1-52所示。状态栏中显示该草图已完全定义。

12）单击[特征]控制面板上的[拉伸切除]按钮，或选择［插入］｜［切除］｜［拉伸］命令，弹出［切除-拉伸］属性管理器。

13）在［方向1］栏内将终止条件设置为［完全贯穿］，保留其他项目为默认设置，如

图 1-53 所示。单击按钮 ✔，生成完全切除特征。

14）新特征［切除－拉伸］出现在 FeatureManager 设计树中。单击标准前导视图控制栏中的［等轴测］按钮 ⬛，采用等轴测视图观看零件，如图 1-54 所示。

图1-49 绘制直线1

图1-50 绘制圆弧1

图1-51 封闭图形

图1-52 标注尺寸

图1-53 设置［切除－拉伸］属性管理器

图1-54 切除后零件的等轴测视图

4．抽壳零件

所谓抽壳，就是从所选平面上移除材料以形成薄壁零件。

1）单击[特征]控制面板上的[抽壳]按钮 ，或选择［插入］［特征］［抽壳］命令，弹出［抽壳 1］属性管理器。

2）单击此零件的面，所选面即出现在［移除的面］ 显示框中，如图 1-55 所示。

3）在［参数］栏的厚度 微调框中设置抽壳厚度为 2mm，然后单击按钮 。抽壳操作将移除所选面上的材料，如图 1-56 所示。

图1-55 选择要移除的面   图1-56 抽壳后的零件

4）如果要查看结果，单击[前导视图]控制栏上的[旋转]按钮 ，或选择［视图］［修改］［旋转］命令就可以旋转零件了。

5）单击[旋转]按钮 即可关闭旋转工具。

6）在基体的侧面再添加一个圆形切除。

①将鼠标指针移到零件的侧面，该面的边线变成点状线，表示此面可供选择。鼠标指针变成 形状，表示正在选择此面。

②单击[草图绘制]按钮 ，或右键单击图形区域内的任何位置，从弹出的快捷菜单中选择［草图绘制］，打开一张草图。

③单击[草图]操控面板上的[圆]按钮 ，或者选择［工具］［草图绘制实体］［圆］命令。

④在面上单击并移动鼠标指针，绘制一个圆，如图 1-57 所示，圆的大小和位置将在尺寸标注中确定。按 Esc 键退出圆的绘制工作。

⑤单击[草图]控制面板上的[智能尺寸]按钮 ，或右键单击图形区域中的任何位置，并从弹出的快捷菜单中选择［智能尺寸］命令。

⑥单击此面的侧边，再单击圆，然后单击放置尺寸的位置。注意在单击每个实体时出现的尺寸预览，预览显示尺寸界线所连接的位置，以及是否选择了正确的实体。当要为圆添加定位尺寸时，默认情况下尺寸界线连接到圆心。

⑦双击该尺寸，然后在［修改］对话框中输入定位尺寸为 22mm。

⑧选择此面的底边，重复为圆标注定位尺寸的操作，设置圆心与底边的定位尺寸为 25mm。

⑨仍然使用标注尺寸工具 ，单击圆以标注其直径，设置圆的直径为 8mm。圆变为黑色，且状态栏中显示该草图已完全定义，如图 1-58 所示。

图1-57 在右侧面绘制圆   图1-58 完全定义的草图2

⑩单击[特征]控制面板上的[拉伸切除]按钮 ，或选择[插入]｜[切除]｜[拉伸]命令，弹出[切除－拉伸]属性管理器。

在[方向 1]栏内将终止条件设置为[完全贯穿]，保留其他项目为默认设置，单击按钮 ，生成完全切除特征。

新特征[切除－拉伸 2]出现在特征管理器设计树中。单击零件，零件的形状如图 1-59 所示。

图1-59 添加圆形切除后的零件

5．为零件添加圆角

在零件的基本形状确定之后，下面将要对零件进行细微的修饰。在本节中，将为零件添加圆角过渡特征。因为这些圆角的半径相同（1mm），所以可以将其作为单个特征生成。

1）单击前导视图控制栏中的隐藏线可见按钮 ，这样更便于选取隐藏的边线。

2）按住 Ctrl 键选择零件的边线，如图 1-60 所示。为了方便边线的选取，如果需要可选择旋转视图按钮 旋转零件。

3）单击[特征]控制面板上的[圆角]按钮 ，或选择[插入]｜[特征]｜[圆角]命令。

此时，自动出现［圆角1］属性管理器，在［圆角项目］栏的［边线、面、特征和环］显示框中显示8条所选边线。

图1-60 选择欲圆角的边线

4）在［半径］微调框 中设置半径为1mm，保留其余项目为默认值，如图1-61所示。

图1-61 设置圆角属性

5）单击按钮 ，则所选角部位成为圆角。圆角1特征出现在FeatureManager设计树中。

6. 显示剖面视图

使用SOLIDWORKS可以随时显示模型的三维剖视图。可以利用模型的面或基准面指定剖切平面。在本例中，将使用右视基准面来切割模型视图。

1）单击［等轴测］按钮 ，然后单击［带边线上色视图模式］按钮 。

2）单击FeatureManager设计树中的［右视］选项，则右视基准面高亮度显示。

3）单击[前导视图]控制栏上的［剖面视图］按钮，或选择［视图］|［显示］[剖面视图]命令。

4）在弹出的［剖面视图］属性管理器中单击[右视]按钮，将剖面基准面设置为右视。

5）在［等距距离］微调框中剖面位置设置为与剖面基准面距离 50mm，如图 1-62 所示。

6）单击按钮。出现零件的剖视图，但显示的只是零件外观的被剖切面而非模型本身。如果更改视图模式、方向或缩放比例，剖面显示将保持不变。

图1-62 设置剖视图

7）单击[剖面视图]按钮，返回显示整个零件。

8）选择［文件］|［保存］命令，保存零件。

1.8.3 零件工程图的生成

SOLIDWORKS 2018 可以为设计的实体零件和装配体建立工程图。零件、装配体和工程图是互相链接的文件，对零件或装配体所做的任何更改都会导致工程图文件的相应变更。一般来说，工程图包含几个由模型建立的视图。也可以由现有的视图建立视图。例如，剖视图是由现有的工程视图所生成的。

 注意

在安装软件时，可以设定工程图及模型间的单向链接关系，这样就防止了在改变模型尺寸时对工程图中的模型本身进行更改。如果要改变此选项，只有再重新安装一次软件。

1. 打开工程图模板

在这个例子中，将利用现成的工程图模板来生成零件的工程图。

1）单击[标准]工具栏上的[新建]按钮，弹出［新建 SOLIDWORKS 文件］对话框。

2）打开[模板]选项卡，单击[工程图]图标，然后单击[确定]按钮，进入 SOLIDWORKS

主界面。

3) 单击左下角的 [添加图纸] 按钮，弹出 [图纸格式/大小] 对话框，如图 1-63 所示。选择 [标准图纸大小] 单选按钮，并设定图纸格式为 [A3（ANSI）横向]，单击 [确定] 按钮，回到工程图窗口。

4) 更改一些文本属性，使工程图更好地反映零件的属性。

①右键单击工程图上的任意位置，在弹出的快捷菜单中选择 [编辑图纸格式] 命令。

②单击 [前导视图] 控制栏上的 [局部放大] 按钮，或选择 [视图] | [修改] | [局部放大] 命令以放大右下方的标题栏。再次单击该按钮关闭局部放大功能。

③双击标题栏，打开字体工具栏，使用该工具栏可以更改文字的字体、大小或字形。

④在注释文字区域外单击，以保存此更改。用同样的方式可以对其他注释文字进行修改。

图1-63 [图纸格式/大小] 对话框

⑤如果要将此格式取代作为标准的 [A3（ANSI）横向] 格式，可选择 [文件] | [保存图纸格式] 命令。此时，弹出 [保存图纸格式] 对话框，如图 1-64 所示。

图1-64 [保存图纸格式] 对话框

⑥在 SOLIDWORKS 的系统文件夹\data\下选择 a3-landscape.slddrt，单击 [确定] 按钮从而替代系统的 A3 图纸格式。

⑦右键单击图形区域，在弹出的快捷菜单中选择［编辑图纸］命令，退出编辑图纸格式。

⑧单击［标准］工具栏上的［保存］按钮 , 弹出［保存为］对话框，将工程图保存为软盘盒.slddrw。

2. 建立零件工程图

SOLIDWORKS 2018 中提供了多种生成工程图的方法。例如，用户可以直接在零件模型窗口中单击［工程图］图标![], 然后自动生成工程图。这里介绍另一种常用的生成工程图方法。

1）如果零件实体图文件［软盘盒.sldprt］尚未打开，请将其打开。

2）选择［窗口］｜［软盘盒 - 图纸 1］命令，回到工程图窗口。

3）单击［视图布局］控制面板上的［标准三视图］按钮![], 或选择［插入］｜［工程图视图］｜［标准三视图］命令，此时鼠标指针变为![]形状。［标准视图］属性管理器中显示说明 4 种模型选择方法的信息。

4）选择［窗口］｜［软盘盒］命令，回到零件实体图［软盘盒.sldprt］窗口。

5）单击零件窗口的图形区域，工程图窗口再度出现，并且显示出所选零件的三视图，如图 1-65 所示。

图1-65 零件的工程图

如果要移动视图，在视图边界内单击，当鼠标指针位于边界上变为![]形状时，即可在所允许的方向上拖动视图。

①单击工程视图 2，然后上下拖动。

②单击工程视图 3，然后左右拖动，使工程视图 2 和工程视图 3 与工程视图 1 对齐，而且只能沿一个方向移动以保持对齐。

③单击工程视图 1 并向任何方向拖动，以使所有视图同时移动。

④将工程图上的视图移动到大致如图 1-66 所示的位置。

3. 添加尺寸到工程图

工程图中包含零件的二维视图，SOLIDWORKS 可以在所有工程视图中显示指定的零件或装配体尺寸。

1）在未选择任何对象的情况下选择［插入］｜［模型项目］命令。

2）在弹出的［模型项目］对话框中（见图 1-67）选择从模型输入尺寸、注解以及参考几何体类型。

图1-66 移动视图到新位置

3）选择［尺寸］并勾选［将项目输入到所有视图］复选框，尺寸标注将被输入到最能清楚体现其所描述特征的视图上。

图1-67 ［模型项目]对话框

4）勾选［消除重复］复选框，将只输入每个尺寸的一个实例。

5）单击［确定］按钮，即可看到尺寸已经添加到工程图上了，如图 1-68 所示。

图1-68 添加尺寸的工程图

4．插入模型视图

SOLIDWORKS 允许在工程图中以不同的方向显示三维模型，即将模型视图添加到工程图中。可以使用以下不同方向的模型视图：

● 标准视图（前视、上视、等轴测等）。

● 在零件或装配体中自定义的视图方向。

● 零件或装配体文件中的当前视图。

下面在工程图中添加该零件的一个等轴测视图。

1）单击[视图布局]控制面板上的[模型视图]按钮⑧，或选择［插入］｜［工程图视图］｜［模型］命令，弹出［模型视图］属性管理器，如图 1-69 所示。鼠标指针形状表示可以选择在工程图中显示的模型。

2）在［要插入的零件/装配体］栏中可以看到要插入的零件是[软盘盒.sldprt]。如果不是，可以单击［浏览］按钮，然后选择要插入的零件。

3）单击［模型视图］属性管理器中的按钮，在［模型视图］属性管理器中的［方向］列表中选择［等轴测］以切换到等轴测视图，如图 1-70 所示。

4）单击要放置视图的位置，即可将模型视图添加到了指定的位置。

5）单击[标准]工具栏中的[保存]按钮，将工程图文件保存。

图1-69 ［模型视图]属性管理器

图1-70 选择模型视图的方向为[等轴测]

1.9 上机操作

绘制如图1-71所示的凸台。

图1-71 凸台

本案例视频内容："X：\动画演示\第1章\上机操作\凸台.avi"。

操作提示：

1）新建文件。选择零件图标，进入零件图模式。

2）创建草图。选择[前视基准面]，单击（草图绘制）按钮 □，进入草图模式。

3）绘制草图。在[草图]操控面板中单击绘制矩形按钮 □、三点圆弧按钮 ⌒、圆角按钮 ⌐ 和裁剪按钮 ✄ ，绘制草图并标注尺寸，结果如图1-72所示。

4）拉伸凸台。在[特征]控制面板中单击[拉伸凸台/基体]按钮 ⬀，在弹出的[凸台-拉伸]对话框的[拉伸距离]中输入30，单击按钮 ✔，得到图1-73所示的凸台。

图1-72 绘制草图

图1-73 拉伸特征

5）镜像实体。在[特征]控制面板中单击[镜像]按钮 ⬚。再单击图1-73所示图形的上表面，在FeatureManager设计树中单击[拉伸1]，然后单击按钮 ✔，得到图1-71所示的图形。

1.10 思考练习

1. 选择[工具]|[选项]命令，练习并熟悉[系统选项]对话框中[系统选项]和[文件属性]的设置内容。

2. 绘制如图1-74所示的实体，尺寸不限。

3. 绘制如图1-75所示的实体，尺寸不限。

4. 熟悉常用模型术语：顶点、面、原点、平面、轴、圆角、特征、几何关系、模型、自由度、坐标系。

图1-74　练习模型一

图1-75 练习模型二

第 **2** 章

草图绘制

　　草图是一个平面轮廓，用于定义特征的截面形状、尺寸和位置等。SOLIDWORKS 中模型的创建都是从绘制草图开始的，然后生成基体特征，并在模型上添加更多的特征。因此，只有熟练掌握草图绘制的各项功能，才能快速、高效地应用 SOLIDWORKS 进行三维建模，并对其进行后续分析。

   学 习 要 点

◎ 草图的创建

◎ 基本图形绘制

◎ 智能标注

◎ 添加几何关系

2.1 草图的创建

草图（Sketch）是一个平面轮廓，用于定义特征的截面形状、尺寸和位置。通常，SOLIDWORKS 的模型创建都是从绘制二维草图开始，然后生成基体特征，并在模型上添加更多的特征。所以，能够熟练地使用草图绘制工具绘制草图是一件非常重要的事。

此外，SOLIDWORKS 也可以生成三维草图。在三维草图中，实体存在于三维空间中，它们不与特定草图基准面相关。有关三维草图的内容将在以后的章节中介绍，本章所指的草图均为二维草图。

2.1.1 新建一个二维草图

当要生成一个新的零件或装配体时，系统会指定 3 个默认的基准面与特定的视图对应，如图 2-1 所示。默认情况下，新的草图在前视基准面上打开，也可以在上视或右视基准面上新建一个草图，操作步骤为：

1）在 FeatureManager 设计树上单击 [前视基准面]。

2）单击视图前导工具栏上的视图定向中的[正视于]按钮 ↓。

3）单击[草图]操控面板上[草图绘制]按钮 └。

4）进入[草图绘制]模式，如图 2-2 所示。此时 [草图]操控面板上的草图绘制按钮被激活，在图形窗口右上角出现[删除草图]图标，同时状态栏中显示 [正在编辑草图]。

图2-1 默认基准面与特定视图

图2-2 草图绘制模式

5）现在使用［草图］操控面板上的草图绘制工具就可以编辑草图了。

6）如果要退出草图绘制模式，单击确认角落上的［退出草图］图标，或者再次单击草图绘制按钮 ，即可结束草图绘制。

7）如果要放弃对草图的更改，单击删除草图图标，在弹出的确认对话框（见图 2-3）中单击［丢弃更改并退出］按钮，即可丢弃草图的所有更改。

图2-3 确认丢弃草图

2.1.2 在零件的面上绘制草图

如果要在零件上生成新的特征（如凸台），就需要在放置该特征的零件表面上绘制新的草图。

1）将鼠标指针移到要在其上绘制草图的模型平面，该面的边线变成点状线，表示此面可供选取，鼠标指针变成 形状，表示正在选择此面。

2）单击鼠标指针选取该面，该面的边线变成实线且改变颜色，表示该面已被选中。

3）单击［草图绘制］按钮 ，或选择［插入］｜［草图绘制］命令。

4）如果要在另一个面上绘制草图，可退出当前草图，选择新的面并打开一张新的草图。当草图绘制好之后，如果要更改绘制草图的基准面，可做如下操作：

1）在 FeatureManager 设计树上右键单击要更改模型平面的草图名称。

2）在弹出的快捷菜单中选择［编辑草图平面］命令。这时在出现的［草图绘制平面］中的［草图基准面/面］框中显示出基准面的名称，如图 2-4 所示。

3）使用选择工具选择新的基准面。

4）单击按钮 后，就更改了绘制草图的基准面，如图 2-5 所示。

图2-4 显示基准面名称

图2-5 更改绘制草图基准面前后的草图

2.1.3 从已有的草图派生新的草图

SOLIDWORKS 还可以从同一零件的现有草图中派生出新的草图，或从同一装配体中的草图中派生出新的草图。从现有草图派生草图时，这两个草图将保持相同的特性。如果对原始草图做了更改，这些更改将被反映到新派生的草图中。

在派生的草图中不能添加或删除几何体，其形状总是与父草图相同，不过可以使用尺寸或几何关系对派生草图进行定位。

 注意

如果要删除一个用来派生新草图的草图，系统会提示所有派生的草图将自动解除派生关系。

如果要从同一零件的现有草图中派生新的草图，可做如下操作：

1）在 FeatureManager 设计树中单击希望派生新草图的草图，或者利用选择工具选择希望派生新草图的草图。

2）按住 Ctrl 键并单击将放置新草图的面，如图 2-6 所示。

3）选择 [插入] | [派生草图] 命令。此时草图出现在所选面的基准面上（图 2-7），状态栏显示 [正在编辑草图]。

图2-6 选择面　　　　　　　　　　　　　图2-7 草图出现在基准面上

4）通过拖动派生草图和标注尺寸，将草图定位在所选的面上。

如果要从同一装配体中的草图派生新的草图，可按如下操作：

1）右键单击需要放置派生草图的零件，在弹出的快捷菜单中选择 [编辑零件] 命令。

2）利用选择工具选择希望派生新草图的草图。

3）按住 Ctrl 键并单击将放置新草图的面，草图即出现在选择面的基准面上，并可以对它开始编辑。

4）通过拖动派生草图和标注尺寸，将草图定位在所选的面上。

当派生的草图与其父草图之间解除了链接关系，则在对原来的草图进行更改之后，派生的草图不会再自动更新。如果要解除派生的草图与其父草图之间的链接关系，右键单击 FeatureManager 设计树中派生草图或零件的名称，然后在弹出的快捷菜单中选择 [解除派生] 命令即可。

2.2 基本图形绘制

在使用 SOLIDWORKS 绘制草图前，有必要先了解一下 [草图] 操控面板中各工具的作用。其中，选择工具是整个 SOLIDWORKS 中用途最广的工具，使用该工具可以达到以下目的：

1）选取草图实体。

2）拖动草图实体或端点以改变草图形状。

3）选择模型的边线或面。

4）拖动选框以选取多个草图实体。

2.2.1　［草图］操控面板

SOLIDWORKS 提供的草图绘制工具可方便地绘制草图实体。图 2-8 所示为［草图］操控面板。不过并非所有的草图绘制工具对应的按钮都会出现在［草图］操控面板中。

图2-8 ［草图］操控面板

如果要重新安排［草图］操控面板中的工具按钮，可做如下操作：

1）选择［工具］｜［自定义］命令弹出［自定义］对话框。

2）单击［命令］标签，选择［命令］选项卡。

3）在［类别］列表中选择［草图］。

4）单击一个按钮即可查看［说明］方框内对该按钮的说明，如图 2-9 所示。

图2-9 对按钮的说明

5）在该对话框内单击要使用的图标按钮，将其拖动放置到［草图绘制］工具栏中。

6）如果要删除工具栏上的按钮，只要单击并将其从工具栏拖动放回按钮区域中即可。

7）更改结束后，单击［确定］按钮。

2.2.2　直线的绘制

在所有的图形实体中，直线是最基本的图形实体。如果要绘制一条直线，可做如下操作：

1）单击［直线］按钮 ，或选择［工具］｜［草图绘制实体］｜［直线］命令，此时出现［直线］属性管理器，鼠标指针变为 形状。

2）单击图形区域，标出直线的起始处。

3）以下列方法之一完成直线的绘制：

①将鼠标指针拖动到直线的终点然后释放。

②释放鼠标，将鼠标指针移动到直线的终点，再次单击。

 注意

在二维草图绘制中有两种模式：单击－拖动或单击－单击。SOLIDWORKS 根据用户的提示来确定模式。

1）如果单击第一个点并拖动，则进入单击－拖动模式。

2）如果单击第一个点并释放鼠标，则进入单击－单击模式。

4）注意，当鼠标指针变为➚ᵪ时，表示捕捉到了点；变为➚-形状时，表示绘制水平直线；变为➘形状时，表示绘制竖直直线。

5）如果要对所绘制的直线进行修改，可单击选择工具按钮➘，用以下方法完成对直线的修改。

①选择一个端点并拖动此端点来延长或缩短直线。

②选择整个直线，拖动到另一个位置来移动直线。

③选择一个端点并拖动它来改变直线的角度。

6）如果要修改直线的属性，可以在草图中选择直线，然后在［直线］属性管理器中编辑其属性。

2.2.3 圆的绘制

圆也是草图绘制中经常使用的图形实体。SOLIDWORKS 提供了两种绘制圆的方法：圆和周边圆。

创建圆的默认方式是指定圆心和半径。如果要绘制圆，可做如下操作：

1）单击［圆］按钮⊙，或选择［工具］|［草图绘制实体］|［圆］命令，鼠标指针变为➘形状。

2）单击图形区域来放置圆心，此时出现［圆］属性管理器。

3）拖动鼠标来设定半径，系统会自动显示半径的值，如图 2-10 所示。

4）如果要对绘制的圆进行修改，可以使用选择工具➘拖动圆的边线来缩小或放大圆，也可以拖动圆的中心来移动圆。

5）如果要修改圆的属性，可以在草图中选择圆，然后在［圆］属性管理器中编辑其属性。

周边圆是通过三点来生成圆，操作步骤如下：

1）单击［周边圆］按钮⊙，或选择［工具］|［草图绘制实体］|［周边圆］命令，鼠标指针变为➘形状。

2）单击圆的起点位置，出现［圆］属性管理器。

3）拖动鼠标，单击圆的第二点位置。

4）拖动鼠标，单击圆的第三点位置，确定圆的大小

5）在［圆］属性管理器中进行必要的更改，然后单击按钮✔，结果如图 2-11 所示。

图2-10 绘制圆

图2-11 绘制周边圆

2.2.4 圆弧的绘制

圆弧是圆的一部分，SOLIDWORKS 提供了 3 种绘制圆弧的方法：圆心/起点/终点画弧、三点画弧、切线画弧。

首先介绍圆心/起点/终点画弧，即由圆心、圆弧起点、圆弧终点所决定的圆弧的绘制方法：

1）单击[圆心/起/终点画弧]按钮 ⚬，或选择 [工具] | [草图绘制实体] | [圆心/起/终点画弧] 命令，此时鼠标指针变为 ✎ 形状。

2）单击放置圆弧圆心的位置，出现 [圆弧] 属性管理器。

3）按住鼠标并拖动到希望放置圆弧开始点的位置。

4）释放鼠标，圆周参考线会继续显示。

5）拖动鼠标以设定圆弧的长度和方向。

6）释放鼠标。

7）如果要修改绘制好的圆弧，选择圆弧后在 [圆弧] 属性管理器中编辑其属性即可。

三点画弧是通过指定 3 个点（起点、终点及中点）来生成圆弧：

1）单击[三点圆弧]按钮 ⌒，或选择 [工具] | [草图绘制实体] | [三点圆弧] 命令，此时鼠标指针变为 ✎ 形状。

2）单击圆弧的起点位置，出现 [圆弧] 属性管理器。

3）拖动鼠标到圆弧结束的位置。

4）释放鼠标。

5）拖动鼠标以设置圆弧的半径，必要的话可以反转圆弧的方向。

6）释放鼠标。

7）在 [圆弧] 属性管理器中进行必要的变更，单击按钮 ✔ 即可，结果如图 2-12 所示。

切线画弧是指生成一条与草图实体相切的弧线。可以用两种方法生成切线弧：[切线弧] 工具和自动过渡方法。

图2-12 三点画弧

使用[切线弧]工具生成切线弧的操作如下：

1）单击[切线弧]按钮 ⌒，或选择 [工具] | [草图绘制实体] | [切线弧] 命令。

2）在直线、圆弧、椭圆或样条曲线的端点处单击，此时出现［圆弧］属性管理器，鼠标指针变为 形状。

3）拖动圆弧以绘制所需的形状，如图 2-13 所示。

4）释放鼠标。

注意

SOLIDWORKS 从鼠标指针的移动中可推理出是想要切线弧还是法线弧，在 4 个目的区域可生成如图 2-14 所示的 8 种可能结果。沿相切方向移动将生成切线弧。沿垂直方向移动将生成法线弧，可通过先返回到端点，然后向新的方向移动来实现在切线弧和法线弧之间的切换。

图2-13 绘制切线弧   图2-14 8种可能的结果

此外，还可通过自动过渡的方法绘制切线弧，操作步骤如下：

1）单击［直线］按钮，或选择［工具］｜［草图绘制实体］｜［直线］命令，此时鼠标指针变为 形状。

2）在直线、圆弧、椭圆或样条曲线的端点处单击，然后将鼠标指针移开。预览显示将生成一条直线。

3）将鼠标指针移回到终点，然后再移开，预览则会显示生成一条切线弧。

4）单击鼠标以放置圆弧。

如果想要在直线和圆弧之间切换而不回到直线、圆弧、椭圆或样条曲线的端点处，按 A 键即可。

2.2.5 矩形的绘制

1. 边角矩形命令画矩形

矩形的 4 条边是单独的直线，可以分别对其进行编辑（如剪切、删除等）。可做如下操作：

1）单击［矩形］按钮，或选择［工具］｜［草图绘制实体］｜［矩形］命令，此时鼠标指针变为 形状。

2）单击要绘制的矩形的一个角的位置。

3）拖动鼠标，调整好矩形的大小和形状后再释放鼠标。在拖动鼠标时矩形的尺寸会动态地显示，如图 2-15 所示。

2. 中心矩形命令画矩形

中心矩形命令即通过指定矩形的中心与右上的端点来确定矩形的中心和 4 条边线。操作步骤如下：

图2-15 绘制矩形

1）执行命令。在草图绘制状态下，选择[工具]︱[草图绘制实体]︱[中心矩形]菜单命令，或者单击[草图]操控板上的[中心矩形]按钮 ，此时鼠标指针变为 形状。

2）绘制矩形中心点。在绘图区域单击，确定矩形的中心点1。

3）绘制矩形的一个角点。移动鼠标，单击确定矩形的一个角点2，矩形绘制完毕。

3．3点边角矩形命令画矩形

3点边角矩形命令即通过指定3个点来确定矩形，前面两个点用来定义角度和一条边，第三点用来确定另一条边。操作步骤如下：

1）执行命令。在草图绘制状态下，选择[工具]︱[草图绘制实体]︱[3点边角矩形]菜单命令，或者单击[草图]操控板上的[3点边角矩形]按钮 ，此时鼠标指针变为 形状。

2）绘制矩形边角点。在绘图区域单击，确定矩形的边角点1。

3）绘制矩形的另一个边角点。移动鼠标，单击确定矩形的另一个边角点2。

4）绘制矩形的第三个边角点。继续移动鼠标，单击确定矩形的第三个边角点3，矩形绘制完毕。

4．3点中心矩形命令画矩形

3点中心矩形命令即通过指定三个点来确定矩形。操作步骤如下：

1）执行命令。在草图绘制状态下，选择[工具]︱[草图绘制实体]︱[3点中心矩形]菜单命令，或者单击[草图]操控板上的[3点中心矩形]按钮 ，此时鼠标指针变为 形状。

2）绘制矩形中心点。在绘图区域单击，确定矩形的中心点1。

3）设定矩形一条边的一半长度。移动鼠标，单击确定矩形一条边线的一半长度的一个点2。

4）绘制矩形的一个角点。移动鼠标，单击确定矩形的一个角点3，矩形绘制完毕。

2.2.6　平行四边形的绘制

平行四边形既可以生成平行四边形，也可以生成边线与草图网格线不平行或不垂直的矩形。可做如下操作：

1）单击[平行四边形]按钮 ，或选择[工具]︱[草图绘制实体]︱[平行四边形]命令，这时鼠标指针变为 形状。

2）在平行四边形开始的位置单击鼠标。

3）拖动鼠标，并在调整好平行四边形一条边线的方向和长度后再次单击以确定。

4）按住Ctrl键拖动鼠标，直至平行四边形的大小和形状正确为止。

5）单击鼠标，结束此次操作。

6）拖动平行四边形的一个角可改变其形状。

49

如果要以一定的角度绘制矩形，可按如下操作：

1. 单击[平行四边形]按钮 ◻，或选择［工具］│［草图绘制实体］│［平行四边形］命令，这时鼠标指针变为 ⟋ 形状。

2. 在矩形开始的位置单击。

3. 拖动鼠标，并在调整好矩形一条边线的方向和长度后再次单击以确定。

4. 拖动鼠标，直至矩形的大小正确为止。

5. 单击以结束此次操作。

6. 拖动矩形的一个角可改变其形状，但不能通过拖动来更改矩形的角度。

📖2.2.7 多边形的绘制

多边形是由最少 3 条边至多 40 条长度相等的边组成的封闭线段。绘制多边形的方式是指定多边形的中心以及对应该多边形的内切圆或外接圆的直径。绘制一个多边形可做如下操作：

1) 单击[多边形]按钮 ⊙，或选择［工具］│［草图绘制实体］│［多边形］命令，这时鼠标指针形状变为 ⟋ 形状。

2) 出现［多边形］属性管理器，如图 2-16 所示。

3) 在［参数］选项栏中设置多边形的属性，其中：

⊕ 微调框：用于指定多边形的边数。

⊿ 微调框：用于指定多边形中央的 X 坐标。

⊿ 微调框：用于指定多边形中央的 Y 坐标。

⬡ 微调框：用于指定多边形的内切圆或外接圆的直径；该选项决定于是选了内切圆还是外接圆。

◥⁴：指定多边形旋转的角度。

［新多边形］按钮：单击该按钮，将在关闭属性管理器之前生成另一个多边形。

4) 可以在设置好属性后单击按钮 ✔，完成多边形的绘制。

5) 也可以在多边形的中心位置单击。

6) 拖动鼠标，根据显示的多边形半径和角度，调整好大小和方向，如图 2-17 所示。

7) 单击，确定多边形。

📖2.2.8 椭圆和椭圆弧的绘制

在几何学中，一个椭圆是由两个轴和一个中心点定义的，椭圆的形状和位置由中心点、长轴、短轴 3 个因素决定。椭圆轴决定了椭圆的方向，中心点决定了椭圆的位置。

1) 单击[椭圆]按钮 ⊙，或选择［工具］│［草图绘制实体］│［椭圆］命令，此时鼠标指针变为 ⟋ 形状。

2) 在放置椭圆中心点的位置单击。

3) 拖动鼠标并再次单击以设定椭圆的长轴。

4) 拖动鼠标并再次单击以设定椭圆的短轴。

77.87, 328.87°

图2-16 设置多边形属性　　　　　　　　图2-17 绘制多边形

椭圆弧是椭圆的一部分。如同由圆心、圆弧起点和圆弧终点生成圆弧一样，也可以由中心点、椭圆弧起点以及终点生成椭圆弧。

1）单击［部分椭圆］按钮 ，选择［工具］｜［草图绘制实体］｜［部分椭圆］命令，此时鼠标指针变为 形状。

R = 149.22, r = 162.78

图2-18 绘制椭圆弧

2）在图形区域单击以放置椭圆的中心点。

3）拖动鼠标并单击以定义出椭圆的一个轴。

4）拖动鼠标并单击以定义出椭圆的第二个轴，同时定义了椭圆弧的起点。

5）保留圆周引导线，绕圆周拖动鼠标来定义椭圆的范围，如图2-18所示。

2.2.9 抛物线的绘制

要绘制一条抛物线，可按如下操作：

1）单击［抛物线］按钮 ，或选择［工具］｜［草图工具］｜［抛物线］命令，鼠标指针变为 形状。

2）单击，以放置抛物线的焦点，然后拖动鼠标以放大抛物线。

3）画出抛物线，出现［抛物线］属性管理器。

4）单击抛物线并拖动来定义曲线的范围。

要修改抛物线，可做如下操作：

1）当鼠标指针位于抛物线上时会变成 形状。

2）选择一抛物线，此时出现［抛物线］属性管理器。

3）拖动顶点以形成曲线。当选择顶点时鼠标指针变成 形状。

①如果要展开曲线，则将顶点拖离焦点。在移动顶点时，移动图标将出现在鼠标指针旁，如图2-19所示。

②如果要制作更尖锐的曲线，则将顶点拖向焦点。

③如果要改变抛物线一个边的长度而不修改抛物线的曲线，则选择一个端点并拖动，如

图 2-20 所示。

④（如果要将抛物线移到新的位置，则选择抛物线的曲线并将其拖动到新位置，如图 2-21 所示。

⑤如果要修改抛物线两边的长度而不改变抛物线的圆弧，则将抛物线拖离端点，如图 2-22 所示。

图2-19 拖动顶点以展开抛物线

图2-20 拖动端点来延长抛物线

4）要修改抛物线属性，只需在草图中选择抛物线后在［抛物线］属性管理器中编辑其属性即可。

图2-21 移动抛物线

图2-22 修改抛物线两边的长度

📖2.2.10 样条曲线的绘制

样条曲线是由一组点定义的光滑曲线。样条曲线经常用于精确地表示对象的造型。SOLIDWORKS 也可以生成样条曲线，最少只需两个点就可以绘制一条样条曲线，还可以在其端点指定相切的几何关系。

绘制样条曲线，可做如下操作：

1）单击[样条曲线]按钮 $\mathcal{N}$ ，或选择 ［工具］｜［草图绘制实体］｜［样条曲线］命令，这时鼠标指针变为 形状。

2）单击，以放置样条曲线的第一个点，然后拖动鼠标出现第一段。此时出现 ［样条曲线］属性管理器。

3）单击终点然后拖动出第二段。

4）重复以上步骤，直到完成样条曲线的绘制。

如果要改变样条曲线的形状，可做如下操作：

1）选中样条曲线，此时控标出现在样条曲线上，如图2-23所示。

2）可以使用以下方法修改样条曲线：

①拖动控标来改变样条曲线的形状。

②添加或移除通过样条曲线的点来帮助改变样条曲线的形状。

图2-23　样条曲线上的控标

③右键单击样条曲线，在弹出的快捷菜单中选择［插入样条曲线型值点］命令，此时鼠标指针变为 $\checkmark$ 形状。在样条曲线上单击一个或多个需插入点的位置。要删除曲线型值点，只要选中它后按 Delete 键即可。用户既可以拖动型值点来改变曲线形状，也可以通过型值点进行智能标注或添加几何关系来改变曲线形状。

④右键单击样条曲线，在弹出的快捷菜单中选择［显示控制多边形］命令。通过移动或旋转方框操纵样条曲线的形状，如图2-24所示。

⑤右键单击样条曲线，在弹出的快捷菜单中选择［简化样条曲线］命令。在弹出的［简化样条曲线］对话框（见图2-25）中对样条曲线进行平滑处理。SOLIDWORKS 2018 将调整公差并计算生成点更少的新曲线。点的数量在［在原曲线中］和［在简化曲线中］框中显示，公差在［公差］框中显示。原始样条曲线显示在图形区域中，并给出平滑曲线的预览。简化样条曲线可提高包含复杂样条曲线的模型的性能。

 注意

> 移动方框可以用于在 SOLIDWORKS 中生成的可以调整的样条曲线。它不能用于输入的或转换的样条曲线。

图2-24　操纵样条曲线的形状

图2-25　［简化样条曲线］对话框

 注意

> 如果有必要，可单击［上一步］按钮返回到上一步。可多次单击，直至返回到原始曲线。

3）单击［简化样条曲线］对话框中的［平滑］按钮，当将样条曲线简化到两个点时，该样条曲线将与所连接的直线或曲线相切。

除了绘制的样条曲线外，SOLIDWORKS 2018 还可以通过输入和使用如转换实体引用、等距实体、交叉曲线以及面部曲线等工具生成的样条曲线。

2.2.11 分割实体

分割实体工具用于分割一条曲线来生成两个草图实体。通过它不仅可以将一个草图实体分割生成两个草图实体，还可以删除一个分割点，从而将两个实体合并成一个实体。此外还可以为分割点标注尺寸，也可以在管道装配体中的分割点处插入零件。

分割草图实体，可做如下操作：

1）打开包含需分割实体的草图。

2）单击［分割实体］按钮 ，或选择［工具］｜［草图工具］｜［分割实体］命令。

3）当鼠标指针位于可以被分割的草图实体时，单击草图实体上的分割位置，该草图即被分割成两个实体，并且在这两个实体之间会添加一个分割点。

4）要将两个被分割的草图实体合并成一个实体，只要单击分割点，然后按 Delete 键即可。

2.2.12 在模型面上插入文字

SOLIDWORKS 可以在一个零件上通过拉伸凸台或切除生成文字。

在模型的面上插入文字，可做如下操作：

1）单击需插入文字的模型面，打开一张新草图。

2）单击［文字］按钮 A 或选择［工具］｜［草图绘制实体］｜［文本］命令，这时出现［草图草图文字］属性管理器，如图 2-26 所示。

3）在模型面上单击文字开始的位置。

4）在［草图文字］属性管理器中的［文字］框中键入要插入的文字。

图2-26 ［草图文字］属性管理器

5）如果要选择字体的样式及大小，则取消［使用文件字体］复选框，然后单击［字体］按钮打开［选择字体］对话框，如图 2-27 所示，在其中指定字体的样式和大小，单击［确定］按钮关闭该对话框。

图2-27 ［选择字体］对话框

6）在［草图文字］属性管理器中的［比例］微调框 中指定文字的放大或缩小比例。

7）修改好文字，单击按钮 ✔。

8）如果要改变文字的位置或方向，使用以下方法中的一种。

①用鼠标拖动文字。

②通过在文字草图中为文字定位点标注尺寸或添加几何关系定位文字。

9）要拉伸文字，单击[特征]控制面板上的[拉伸凸台/基体]按钮，或选择［插入］｜［凸台/基体］｜［拉伸］命令，通过［拉伸凸台/基体］属性管理器来设置拉伸特征。图2-28所示为拉伸文字的效果。

10）要切除文字，单击[特征]控制面板上的[拉伸切除]按钮，或选择［插入］｜［切除］｜［拉伸］命令，通过［拉伸切除］属性管理器来设置拉伸特征。图2-29所示为切除文字的效果。

图2-28 拉伸文字效果   图2-29 切除文字效果

2.2.13 圆角的绘制

草图圆角工具用于在两个草图实体的交叉处生成一个切线弧，并且剪裁掉角部，如图2-30所示。草图圆角工具可以在二维和三维草图绘制中使用。[特征]控制面板上的圆角工具是用来对零件中的圆角进行处理的，如图2-31所示，并非草图绘制中的圆角概念。

图2-30 草图中的圆角   图2-31 零件中的圆角特征

如果要在草图中生成圆角，可做如下操作：

1）按住 Ctrl 键，选择两个交叉的草图实体，或者选择一个角部。

2）单击[草图圆角]按钮，或选择［工具］｜［草图工具］｜［圆角］命令。

3）在弹出的［绘制圆角］属性管理器中的［圆角参数］栏下的［半径］微调框中输入圆角的半径值。

4）如果角部具有尺寸或几何关系，并且希望保持虚拟交点，则选择［保持拐角处约束条件］复选框。

5）单击按钮，草图实体即被圆角处理。

注意

如果选择了没有被标注的非交叉实体，则所选实体将首先被延伸，然后生成圆角。

2.2.14 倒角的绘制

绘制倒角工具用于在二维和三维草图中对相邻的草图实体进行倒角处理。倒角的形状和位置可由［角度距离］或［距离－距离］指定。

如果要绘制倒角，可做如下操作：

1）按住 Ctrl 键，选择要做倒角的两个草图实体。

2）单击[绘制倒角]按钮 ，或选择 ［工具］｜［草图工具］｜［倒角］命令。

3）此时弹出［绘制倒角］属性管理器，如图 2-32 所示。

4）在［倒角参数］栏下选择倒角的类型。图 2-32 中的两个单选按钮对应两种倒角类型，如图 2-33 所示。

图2-32 [绘制倒角]属性管理器

图2-33 两种倒角类型

［角度距离］：在角度 和距离 微调框中输入角度和距离值，从而生成倒角。

［距离-距离］：如果选择了下面的［相等距离］复选框，则将指定相同的倒角距离。否则必须分别指定两个距离。

5）单击按钮 ，完成倒角的绘制。

2.3 对草图实体的操作

2.3.1 转换实体引用

通过转换实体引用功能可以将边、环、面、外部草图曲线、外部草图轮廓、一组边线或一组外部草图曲线投影到草图基准面中，在草图上生成一个或多个实体。

转换实体引用，可做如下操作：

1）在草图处于激活状态时单击模型边线、环、面、曲线、外部草图轮廓线、一组边线或一组曲线。

2）单击[草图]操控面板上的[转换实体引用]按钮 ，或选择 ［工具］｜［草图工具］｜［转换实体引用］命令。

3）系统将自动建立以下几何关系：

①在新的草图曲线和实体之间建立在边线上的几何关系。这样一来，如果实体更改，曲线也会随之更新。

②在草图实体的端点上生成固定几何关系，使草图保持完全定义状态。当使用显示/删除几何关系时，不会显示此内部几何关系。拖动这些端点可移除固定几何关系。

2.3.2　草图镜像

SOLIDWORKS 可以沿中心线镜像草图实体。当生成镜像实体时，SOLIDWORKS 会在每一对相应的草图点之间应用一个对称关系。如果改变被镜像的实体，则其镜像图像也将随之变动。

要镜像现有的草图实体，可做如下操作：

1．在一个草图中，单击［草图］操控面板上的中心线按钮，绘制一条中心线。

2．选择中心线和要镜像的草图实体。

3．单击［草图］操控面板上的［镜像实体］按钮，或选择［工具］｜［草图工具］｜［镜像］命令。

4．镜像图像与被镜像实体对称于中心线。

2.3.3　延伸和裁剪实体

草图延伸是指将草图实体延伸到另一个草图实体，经常用来增加草图实体（直线、中心线或圆弧）的长度。

1）单击［延伸实体］按钮，或选择［工具］｜［草图工具］｜［延伸］命令。这时鼠标指针变为形状。

2）将鼠标指针移动到要延伸的草图实体上（如直线、圆弧等），此时所选实体显示为红色，绿色的线条指示实体将延伸的方向。

3）如果要向相反的方向延伸实体，则将鼠标指针移到直线 或圆弧的另一半上，并观察新的预览。

4）单击该草图实体接收预览指示的延伸效果，此时草图实体延伸到与下一个可用的草图实体相交。

SOLIDWORKS 2018 的草图裁剪可以达到以下效果：

1）剪裁直线、圆弧、圆、椭圆、样条曲线或中心线，使其截断于与另一直线、圆弧、圆、椭圆、样条曲线或中心线的交点处。

2）删除一条直线、圆弧、圆、椭圆、样条曲线或中心线.

裁剪草图实体，可做如下操作：

1）单击［裁剪实体］按钮，或选择［工具］｜［草图工具］｜［裁剪］命令，此时鼠标指针变为形状。

2）在草图上移动鼠标到希望裁剪（或删除）的草图线段上，这时线段显示为高亮度。

3）单击鼠标，则线段将一直删除至其与另一草图实体或模型边线的交点处。如果草图线段没有和其他草图实体相交，则整条草图线段都将被删除。

📖 2.3.4 等距实体

等距实体是指在距草图实体相等距离（可以是双向）的位置上生成一个与草图实体相同形状的草图，如图 2-34 所示。SOLIDWORKS 2018 可以生成模型边线、环、面、一组边线、侧影轮廓线或一组外部草图曲线的等距实体。此外还可以在绘制三维草图时使用该功能。

在生成等距实体时，SOLIDWORKS 应用程序会自动在每个原始实体和相对应的等距实体之间建立几何关系。如果在重建模型时原始实体改变，则等距生成的曲线也会随之改变。

如果要从等距模型的边线来生成草图曲线，可做如下操作：

1）在草图中选择一个或多个草图实体、一个模型面、一条模型边线或外部草图曲线。

2）单击[等距实体]按钮 ⎣，或选择 [工具] | [草图工具] | [等距实体] 命令。

3）在弹出的 [等距实体] 属性管理器（见图 2-35）中设置以下等距属性：

①在 ⎣ 距离微调框中输入等距量。

②系统会根据鼠标指针的位置预览等距的方向。选择 [反向] 复选框则会在与预览相反的方向上生成等距实体。

③选择链] 选项用来生成所有连续草图实体的等距实体。

④如果选择了 [双向] 复选框，则会在两个方向上生成等距实体。

图2-34 等距实体（双向）效果　　　　　图2-35 [等距实体]属性管理器

4）单击按钮 ✔，生成等距实体。

5）如果要更改等距量，只需双击等距量尺寸，在弹出的 [修改] 对话框中输入新的等距量即可。

📖 2.3.5 构造几何线的生成

构造几何线用来协助生成最终会被包含在零件中的草图实体及几何体。当用草图来生成特征时，忽略构造几何线。利用构造几何线工具 ⇄ 可以将草图或工程图中所绘制的曲线转换为构造几何线。

如果要将工程图或草图中的草图实体转换为构造几何线，可做如下操作：

1）在工程图或草图中选择一个或多个草图实体。

2）单击[构造几何线]按钮 ⇄，或选择 [工具] | [草图工具] | [构造几何线] 命令，即可将该草图实体转换为构造几何线。

2.3.6 线性阵列

通过使用线性阵列功能可以生成参数式和可编辑的草图实体性阵列，如图2-36所示。
要生成线性草图排列和复制阵列，可做如下操作：

1）选取要复制的项目。

2）单击[线性草图阵列]按钮🎛，或选择［工具］｜［草图工具］｜［线性阵列］命令。

3）在弹出的［线性阵列］属性管理器（见图2-37）中设定草图排列的设置。

①在［方向1］一栏中的🎛框中设置要排列的实例总数（包括原始草图在内）。

②在🎛框中设置实例之间的距离。

③如果选择了［标注 X 间距］复选框，则在排列完成后，间距值将作为明确的数值显示。

④在🎛框中设置角度值。

⑤单击图中指示箭头，反转阵列方向。

图2-36 草图实体性阵列效果

图2-37 ［线性阵列］属性管理器

4）单击绘图区，可实现预览，查看整个排列。

5）如果要生成一个二维排列，重复步骤 3），在［方向2］栏中设置排列。

6）也可以通过拖动排列预览中所选的点来改变间距和角度，如图2-38所示。

7）如果定义了两个阵列方向，则可以选择［在轴之间添加角度尺寸］复选框。

8）单击［确定］按钮，完成草图实体的排列。
如果要对制作好的草图阵列进行修改，则可以

图2-38 拖动所选点来改变阵列间距

利用编辑线性草图阵列工具。

1）在 FeatureManager 设计树中，右键单击阵列草图，在弹出的快捷菜单中选择［编辑草图］命令。

2）如果要更改阵列实例的数目，选择一个实例。

3）选择［工具］｜［草图工具］｜［编辑线性阵列］命令。

4）在弹出的［线性阵列］对话框中更改一个方向或两个方向上的排列数目，然后单击［确定］按钮。

5）还可以使用以下方法修改阵列：

①拖动一个阵列实例上的点或顶点。

②通过双击角度并在［修改］对话框中更改其数值来更改阵列的角度。

③添加尺寸并使用［修改］对话框更改其数值。

④为阵列实例添加几何关系。

⑤选择并删除单个阵列实例。

6）退出草图，完成新的阵列特征。

2.3.7 圆周阵列

通过使用圆周阵列功能可以生成参数式和可编辑的草图实体性圆周阵列，如图 2-39 所示。

如果要生成圆周阵列，可做如下操作：

1）在模型面上打开一张草图，并绘制一个需复制的草图实体。

2）选择草图实体。

3）单击［圆周草图阵列］按钮，或选择［工具］｜［草图工具］｜［圆周阵列］命令。

4）在弹出的［圆周阵列］属性管理器（见图 2-40）中设定草图排列的设置。

图2-39 草图实体性圆周阵列

图2-40 ［圆周阵列］属性管理器

①![是指排列的中心与所选实体的中心点或顶点之间的距离，![是指从所选实体中心到排列中心的夹角。如果选择了［添加尺寸］复选框，则当排列完成时，［半径］值将作为明确的数值显示。

②![、![用于设定圆周阵列中心点位置的 X 和 Y 坐标。此外，还可以通过拖动中心点来改变中心的位置。

5）![用来设置所需的阵列实例总数，包括原始草图在内。如果选择［等间距］复选框，则需要在［总角度］![框中设置阵列中第一和第二实例的角度。单击图中指示箭头，反转阵列方向。

6）单击绘图区，可实现预览，查看整个排列。

7）可以拖动其中的一个所选点来设置半径、角度和实例之间的间距，如图 2-41 所示。

8）单击［确定］按钮，完成草图实体的圆周阵列。

图2-41 拖动所选点来改变半径、
角度和实例之间的间距

在完成排列之前或之后还可以删除一个阵列实例。在［要阵列的实体］框中，每个实例均由一个指明其位置的编号表示。

1）如果要删除排列中的实例，则选择要删除实例的位置编号，然后按 Delete 键，草图实例即被删除，其位置编号被移动到［可跳过的实例］框中。

2）如果要恢复删除的实例，则在［可跳过的实例］框中选择位置编号，并再次单击 Delete 键，草图实例即被恢复，其位置编号则回到［要阵列的实体］框中。

如果要对制作好的草图圆周阵列进行修改，则可以利用编辑圆周排列和复制工具。

1）在 FeatureManager 设计树中，右键单击阵列草图，在弹出的快捷菜单中选择［编辑草图］命令。

2）如果要更改阵列实例的数目，选择一个实例。

3）选择［工具］｜［草图工具］｜［编辑圆周阵列］命令。

4）在弹出的［圆周阵列］对话框中更改设置。然后单击［确定］按钮。

5）还可以使用以下方法修改阵列：

①双击角度尺寸，然后在［修改］对话框中更改角度。

②将阵列中心点拖动到新的位置。

③拖动阵列第一个实例的中心点或顶点来更改阵列的旋转。

④拖动阵列第一个实例的中心点或顶点来更改阵列圆弧的半径。

⑤将阵列圆弧向外拖动，从而加大阵列的半径。

⑥将阵列圆弧向圆心方向拖动，从而缩小阵列的半径。

⑦选择并删除单个阵列实例。

6）退出草图，以完成新的阵列特征。

2.3.8 修改草图工具的使用

利用 SOLIDWORKS 提供的修改草图工具可以方便地对草图进行移动、旋转或缩放。

要利用修改草图工具对草图进行缩放、移动或旋转，可进行如下操作：

1）在 FeatureManager 设计树中打开或者选择一个草图。

2）选择［工具］｜［草图工具］｜［修改］命令，系统会弹出［修改草图］对话框，如图 2-42 所示。

3）在［比例相对于］栏中选择以下两种单选按钮：

①勾选［草图原点］单选按钮，相对于草图原点改变整个草图的缩放比例。

②勾选［可移动原点］单选按钮，相对于可移动原点缩放草图。

图2-42 ［修改草图］对话框

4）在［缩放因子］栏中设置缩放的比例。

5）如果要旋转草图，可在［旋转］文本框中输入指定的旋转值。

6）如果要移动草图，可做如下操作：

①在［平移］栏的两个文本框中输入 X 和 Y 值，从而确定草图的平移量。

②如果要将草图中的一个指定点移动到指定的位置，则选中［定位所选点］复选框，然后在草图上选择一个点，在 X 和 Y 文本框中指定定位点要移动到的草图坐标。

7）单击［关闭］按钮退出对话框。

除了利用［修改草图］对话框，还可以用鼠标对草图进行移动和旋转。

1）在 FeatureManager 设计树中打开或者选择一个草图。

2）选择［工具］｜［草图工具］｜［修改］命令。

3）此时鼠标指针变为 形状，按住鼠标左键可移动草图，按住鼠标右键可围绕黑色原点符号旋转，如图 2-43 所示。

4）将鼠标指针移动到黑色原点符号的中心或端点处，鼠标指针会变化为 3 种形状，从而显示 3 种翻转效果，如图 2-44 所示。单击，会使草图沿 X 轴、Y 轴或两者的方向翻转。

5）将鼠标指针移动到黑色原点符号的中心，鼠标指针会变为一个在左键显示黑点表示的鼠标形状。单击，从而移动此旋转中心，此时草图并不移动。

6）单击［修改草图］对话框中的［关闭］按钮，完成修改。

图2-43 旋转草图

图2-44 3种［翻转］标示

注意

1）[修改草图]命令将整个草图几何体（包括草图原点）相对于模型进行平移。草图几何体不会相对于草图原点移动。

2）如果草图具有多个外部参考引用，则无法移动此草图。如果草图只有一个外部点，则可以绕该点旋转草图。

2.3.9　伸展草图

伸展实体即通过基准点和坐标点对草图实体进行伸展。

要伸展现有的草图实体，可做如下操作：

1）单击[草图]控制面板中的[伸展实体]按钮，或选择[工具]|[草图工具]|[伸展实体]命令。

2）在出现的[伸展]属性管理器（见图 2-45）中设置以下属性：

①选择要绘制的实体。

②在[参数]选项组中，当勾选[从/到（F）]单选按钮时，单击基准点，然后单击草图设定基准点，拖动以伸展草图实体。

③在[参数]选项组中，当勾选[X/Y]单选按钮时，为**ΔX**和**ΔY**设定值以伸展草图实体。

④单击按钮，完成草图实体的伸展。

图2-45 [伸展]属性管理器

2.4　智能标注

SOLIDWORKS 2018 是一种尺寸驱动式系统，用户可以指定尺寸及各实体间的几何关系，更改尺寸将改变零件的尺寸与形状。智能标注是草图绘制过程中的重要组成部分。SOLIDWORKS 虽然可以捕捉用户的设计意图，自动进行智能标注，但由于各种原因有时自动标注的尺寸不理想，此时用户必须自己进行智能标注。

2.4.1　度量单位

在 SOLIDWORKS 2018 中可以使用多种度量单位，包括埃、纳米、微米、毫米、厘米、米、英寸、英尺。

设置文件的度量单位，可做如下操作：

1）选择[工具]|[选项]命令，弹出[文档属性]对话框。

2）单击[文档属性]标签，选择[单位]项目，如图 2-46 所示。在[单位系统]栏中的单选按钮组中选择一个单位系统。

3）单击[确定]按钮。

图2-46 设定文件的度量单位

2.4.2 线性尺寸的标注

线性尺寸用于标注直线段的长度或两个几何元素间的距离，如图 2-47 所示。

要标注直线长度尺寸，可做如下操作：

1）单击[草图]控制面板上的[智能尺寸]按钮 ，此时鼠标指针变为 形状。

2）将鼠标指针放到要标注的直线上，这时鼠标指针变为 形状，要标注的直线以红色高亮度显示。

3）单击，则出现标注尺寸线并随着鼠标指针移动，如图 2-48 所示。

4）将尺寸线移动到适当的位置后单击，则尺寸线被固定下来。

5）如果在［系统选项］选项卡中选择了［输入尺寸值］复选框，则当尺寸线被固定下来时会弹出［修改］对话框，如图 2-49 所示。

6）在［修改］微调框中输入直线的长度，单击按钮 便完成了标注。

7）如果没有选择［输入尺寸值］复选框，则需要双击尺寸值，在［修改］微调框中对尺寸进行修改。

如果要标注两个几何元素间的距离，可做如下操作：

图2-47 线性尺寸的标注

图2-48 拖动尺寸线

图2-49 修改尺寸值

1）单击[草图]控制面板上的[智能尺寸]按钮 🖑 ，此时鼠标指针变为 🖑 形状。

2）用鼠标左键拾取第一个几何元素。

3）此时出现标注尺寸线，可不管它，继续用鼠标左键拾取第二个几何元素。

4）这时标注尺寸线显示为两个几何元素之间的距离，移动鼠标到适当的位置。

5）单击，将尺寸线固定。

6）在［修改］微调框中输入两个几何元素间的距离，单击按钮 ✓ 便完成了标注。

2.4.3 直径和半径尺寸的标注

默认情况下，SOLIDWORKS 对圆标注直径尺寸，对圆弧标注半径尺寸，如图 2-50 所示。

图2-50 直径和半径尺寸的标注

如果要对圆进行直径尺寸的标注，可做如下操作：

1）单击[草图]控制面板上的[智能尺寸]按钮 🖑 ，此时鼠标指针变为 🖑 形状。

2）将鼠标指针放到要标注的圆上，这时鼠标指针变为 🖑 形状，要标注的圆以红色高亮度显示。

3）单击，则出现标注尺寸线，并随着鼠标指针移动。

4）将尺寸线移动到适当的位置，单击鼠标将尺寸线固定。

5）在［修改］微调框中输入圆的直径，单击按钮 ✓ 便完成了标注。

如果要对圆弧进行半径尺寸的标注，可做如下操作：

1）单击[草图]控制面板上的智能智能标注按钮 🖑 ，此时鼠标指针变为 🖑 形状。

2）将鼠标指针放到要标注的圆弧上，这时鼠标指针变为 🖑 形状，要标注的圆弧以红色高亮度显示。

3）单击，则出现标注尺寸线，并随着鼠标指针移动。

4）将尺寸线移动到适当的位置后单击，将尺寸线固定下来。

5）在［修改］微调框中输入圆弧的半径，单击按钮 ✓ 便完成了标注。

2.4.4 角度尺寸的标注

角度尺寸用于标注两条直线的夹角或圆弧的圆心角。

要标注两条直线的夹角，可做如下操作：

1）单击[草图]控制面板上的[智能尺寸]按钮 🖑 ，此时鼠标指针变为 🖑 形状。

2）拾取第一条直线。

3）此时出现标注尺寸线。可不管它，继续用鼠标左键拾取第二条直线。

4）这时标注尺寸线显示为两条直线之间的角度，随着鼠标指针的移动，系统会显示 3 种不同的夹角角度，如图 2-51 所示。

5）单击，将尺寸线固定下来。

6）在［修改］微调框中输入夹角的角度值，单击按钮✔便完成了标注。

如果要标注圆弧的圆心角，可做如下操作：

1）单击［草图］控制面板上的［智能尺寸］按钮✎，此时鼠标指针变为⟍形状。

2）用鼠标左键拾取圆弧的一个端点。

3）用鼠标左键拾取圆弧的另一个端点，此时标注尺寸线显示这两个端点间的距离。

4）用鼠标左键继续拾取圆心点，此时标注尺寸线显示圆弧两个端点间的圆心角。

5）将尺寸线移到适当的位置后单击，将尺寸线固定，如图 2-52 所示。

6）在［修改］微调框中输入圆弧的角度值，单击按钮✔便完成了标注。

7）如果在步骤 4 中拾取的不是圆心点而是圆弧，则将标注两个端点间圆弧的长度。

图2-51 三种不同的夹角

图2-52 标注圆弧的圆心角

2.5 添加几何关系

几何关系为草图实体之间或草图实体与基准面、基准轴、边线或顶点之间的几何约束。表 2-1 说明了可为几何关系选择的实体以及所产生的几何关系的特点。

2.5.1 手动添加几何关系

利用添加几何关系工具可以在草图实体之间或草图实体与基准面、基准轴、边线或顶点之间生成几何关系。

为草图实体添加几何关系，可做如下操作：

1）单击［草图］控制面板上的［添加几何关系］按钮⊥，或选择［工具］｜［几何关系］｜［添加］命令。

2）在草图上选择要添加几何关系的实体。

3）此时所选实体会在如图 2-53 所示［添加几何关系］属性管理器的［所选实体］栏中显示。

4）信息栏❶中显示所选实体的状态（完全定义或欠定义等）

5）如果要移除一个实体，在［所选实体］框中右键单击该项目，在弹出的快捷菜单中选择［取消选择］命令即可。

6）在［添加几何关系］栏中单击要添加的几何关系类型（相切或固定等），这时添加的几何关系类型会出现在［现有几何关系］栏中。

7）如果要删除添加了的几何关系，在［现有几何关系］栏中右键单击该几何关系，在弹出的快捷菜单中选择［删除］命令即可。

8）单击按钮 ✔，几何关系将添加到草图实体间，如图2-54所示。

表2-1　几何关系说明

几何关系	要选择的实体	所产生的几何关系
水平或竖直	一条或多条直线，两个或多个点	直线会变成水平或竖直（由当前草图的空间定义），而点会水平或竖直对齐
共线	两条或多条直线	实体位于同一条无限长的直线上
全等	两个或多个圆弧	实体会共用相同的圆心和半径
垂直	两条直线	两条直线相互垂直
全等	两个或多个圆弧	实体会共用相同的圆心和半径
垂直	两条直线	两条直线相互垂直
平行	两条或多条直线	实体相互平行
相切	圆弧、椭圆和样条曲线，和直线和圆弧，直线和曲面或三维草图中的曲面	两个实体保持相切
同心	两个或多个圆弧，一个点和一个圆弧	圆弧共用同一圆心
中点	一个点和一条直线	点保持位于线段的中点
交叉	两条直线和一个点	点保持位于直线的交叉点处
重合	一个点和一直线、圆弧或椭圆	点位于直线、圆弧或椭圆上
相等	两条或多条直线，两个或多个圆弧	直线长度或圆弧半径保持相等
对称	一条中心线和两个点、直线、圆弧或椭圆	实体保持与中心线相等距离，并位于一条与中心线垂直的直线上
固定	任何实体	实体的大小和位置被固定
穿透	一个草图点和一个基准轴、边线、直线或样条曲线	草图点与基准轴、边线或曲线在草图基准面上穿透的位置重合
合并点	两个草图点或端点	两个点合并成一个点

图2-53 ［添加几何关系］属性管理器　　　图2-54 添加相切关系前后的两实体（圆被添加了固定关系）

注意

所选实体中至少要有一个项目是草图实体，其他项目可以是草图实体、一条边线、面、顶点、原点、基准面、轴或从其他草图的线或圆弧映射到此草图平面所形成的草图曲线。

2.5.2 自动添加几何关系

使用 SOLIDWORKS 的自动添加几何关系后，在绘制草图时鼠标指针会改变形状以显示可以生成哪些几何关系。图 2-55 所示为鼠标指针形状和对应的几何关系。

图2-55 不同几何关系对应的鼠标指针形状

将自动添加几何关系作为系统的默认设置，可做如下操作：

1）选择［工具］｜［选项］命令，弹出［系统选项（S）-普通］对话框。

2）在左边的区域中单击［草图］中的［几何关系/捕捉］项目，然后在右边的区域中选中［自动几何关系］复选框，如图 2-56 所示。

图2-56 自动添加几何关系

3）单击［确定］按钮，关闭对话框。

2.5.3 显示/删除几何关系

可利用显示/删除几何关系工具来显示手动和自动应用到草图实体的几何关系，查看有疑问的特定草图实体的几何关系，并可删除不再需要的几何关系。此外，还可以通过替换列出的参考引用来修正错误的实体。

显示/删除几何关系，可做如下操作：

1）单击［草图］控制面板上的［显示/删除几何关系］按钮，或选择［工具］｜［关系］｜［显示/删除几何关系］命令。

2）在弹出的［显示/删除几何关系］属性管理器中的下拉列表框中选择显示几何关系的准则，如图 2-57 所示。

3）在［几何关系］栏中选择要显示的几何关系。在显示每个几何关系时，高亮显示相关的草图实体，同时还会显示其状态。在［实体］栏中也会显示草图实体的名称、状态，如图 2-58 所示。

图2-57 显示几何关系的准则　　　　　　　图2-58 显示草图实体的名称和状态

4）选择［压缩］复选框来压缩或解除压缩当前的几何关系。

5）单击［删除］按钮可删除当前的几何关系，单击［删除所有］按钮可删除当前选择的所有几何关系。

2.6 检查草图

SOLIDWORKS 2018 提供了检查草图的工具，通过它们可以在利用草图生成特征时，自动检查草图的合法性，给出修复的合理建议。这里所指的检查草图的错误，是指在利用草图生成某种特征时导致无法生成特定特征的错误。

利用 SOLIDWORKS 2018 提供的检查草图功能，可做如下操作：

1）在草图打开的状态下，选择［工具］｜［草图工具］｜［检查草图合法性］命令。

2）在［检查有关特征草图合法性］对话框（见图 2-59）中的［特征用法］下拉列表框中选择草图将要用到的特征。

3）在［轮廓类型］中会显示该种特征对草图轮廓的要求。

4）单击［检查］按钮。

图2-59 ［检查有关特征草图合法性］对话框

5）此时会根据在［特征用法］下拉列表中选取的特征所需的轮廓类型来检查。如果草图通过检查，会显示没有发现问题信息。如果出现错误，则会显示有关错误的说明，并且会高亮显示包含错误的草图区域。每次检查只报告一个错误。

6）单击［关闭］按钮，关闭对话框。

2.7　训练实例

2.7.1　链子盒草图

利用草图绘制工具绘制如图 2-60 所示的链子盒草图。

本案例视频内容："X：\动画演示\第 2 章\链子盒草图.avi"。

图2-60 链子盒草图

1. 建立新的零件文件

单击［新建］按钮，或选择［文件］｜［新建］命令，新建一个零件文件。

2. 绘制草图

1）单击［草图］操控面板上的［草图绘制］按钮，新建一张草图。默认情况下，新的草图在前视基准面上打开。

2）单击［草图］操控面板上的［圆］按钮，此时鼠标指针变为 形状。

3）将鼠标指针移动到原点处，当鼠标指针变为 形状时单击。

4）拖动鼠标指针到适当的位置后再次单击，绘制一个以原点为圆心的圆。

5）水平向右拖动鼠标指针，这时会出现蓝色的水平推理线，如图 2-61 所示。

6）单击，拖动鼠标指针绘制另一个圆，如图 2-62 所示。

图2-61 绘制第一个圆　　　　　　　　图2-62 绘制第二个圆

7）单击[草图]控制面板上的[智能尺寸]按钮 ✎。

8）将两个圆心间的距离标注为 100mm，两个圆的直径分别标注为 35mm 和 60mm，如图 2-63 所示。

9）单击[草图]操控面板上的[直线]按钮 ✐，此时鼠标指针变为 ✎ 形状。

10）在两个圆的上方绘制一条直线，直线的长度要略长一点，如图 2-64 所示。

图2-63 标注圆心距离

图2-64 绘制直线

11）按住 Ctrl 键，选中直线和圆 1。

12）单击[添加几何关系]按钮 ⊥，在［添加几何关系］属性管理器中为这两个实体添加相切的关系。

13）选择直线和圆 2，为它们也添加相切的几何关系。这时的草图如图 2-65 所示。

14）单击按钮 ✔，完成几何关系的添加。

15）单击[裁剪实体]按钮 ✂，裁剪掉直线的两端。

16）单击[中心线]按钮 ✐，绘制一条通过两个圆心的中心线，如图 2-66 所示。

17）按住 Ctrl 键，选择直线和中心线。

18）单击[镜像实体]按钮 ⊩，将直线沿中心线镜像到另一端。

图2-65 添加相切几何关系

图2-66 绘制中心线

19）单击[裁剪实体]按钮 ✂，裁剪掉圆 1 和圆 2 的两段圆弧。

20）选取标注的直径尺寸。按 Delete 键将它们删除掉。

21）单击[草图]控制面板上的［智能尺寸］按钮 ✎，重新标注圆弧的半径尺寸，从而完成整个草图的绘制工作。

3．保存文件

单击标准工具栏中的［保存］按钮 💾或者选择［文件］｜［保存］命令，将草图保存，名为[链子盒草图]。

2.7.2 角铁草图

利用草图绘制工具绘制如图 2-67 所示的角铁草图。

本案例视频内容："X：\动画演示\第 2 章\角铁草图.avi"。

1．建立新的零件文件

单击[新建]按钮 📄，或选择［文件］｜［新建］命令，新建一个零件文件。

2．绘制草图

1）单击[草图]操控面板上的［草图绘制］按钮，新建一张草图。默认情况下，新的草图在前视基准面上打开。

2）单击[直线]按钮，或选择［工具］｜［草图绘制实体］｜［直线］命令，绘制一条通过原点的竖直线和一条通过原点的水平线。

3）单击［标注尺寸］按钮，或右键单击并从快捷菜单中选择［标注尺寸］命令，标注直线尺寸，如图 2-68 所示。

4）单击[直线]按钮，移动鼠标指针到端点 1 处，当鼠标指针变为 形状时表示已捕捉到端点。

5）利用鼠标指针形状与几何关系的对应变化关系绘制封闭草图，如图 2-69 所示。

图2-67 角铁草图

图2-68 标注直线尺寸

图2-69 绘制封闭草图

6）单击[智能尺寸]按钮，标注直线的尺寸，如图 2-70 所示。

7）单击[绘制圆角]按钮，选择直线 1 和直线 2，在［绘制圆角］属性管理器中设置圆角的半径为 15mm，如图 2-71 所示。

8）单击按钮，关闭［绘制圆角］属性管理器。

图2-70 标注直线尺寸

图2-71 设置圆角半径

3．保存文件

单击[标准]工具栏中的［保存］按钮 或者选择［文件］｜［保存］命令，将草图保存，名为[角铁草图]。

2.8 上机操作

1．绘制如图 2-72 所示的挡圈草图

本案例视频内容："X：\动画演示\第 2 章\上机操作\挡圈草图.avi"。

操作提示：

1）新建文件。选择零件图标，进入零件图模式。

2）创建草图。选择前视基准面，单击草图绘制按钮 ⌐，进入草图绘制模式。

3）绘制草图。单击中心线按钮 ⌐、圆按钮 ⊙，绘制如图 2-72 所示的草图。

4）智能标注。在 [草图] 操控面板中单击智能尺寸按钮 ❧，标注尺寸，结果如图 2-72 所示。

2．绘制如图 2-73 所示的压盖草图

本案例视频内容："X：\动画演示\第 2 章\上机操作\压盖草图.avi"。

图2-72 挡圈草图

图2-73 压盖草图

操作提示：

1）新建文件。在新建文件对话框中选择零件图标，进入零件图模式。

2）创建草图。选择前视基准面，单击草图绘制按钮 ⌐，进入草图绘制模式。

3）绘制草图。在 [草图] 操控面板中单击按钮 ⌐，过原点绘制如图 2-73 所示的中心线。单击按钮 ⌐，分别绘制 R10mm 和 R19mm 两段圆弧。单击按钮 ⌐，绘制连接圆弧 R10mm 和 R19mm 的直线。单击按钮 ⊙，绘制 ϕ10mm 和 ϕ22mm 的圆。

4）添加几何关系。在 [草图] 操控面板中单击按钮 ⊥，选择圆弧和直线，保证其同心、相切的关系。

5）镜像。选择绘制完成的图形，以中心线为对称轴进行镜像，得到如图 2-73 所示的压盖草图。

6）智能标注。在 [草图] 操控面板中单击按钮 ❧，标注尺寸，结果如图 2-73 所示。

2.9 思考练习

1．绘制图 2-74 所示的棘轮草图。

2．绘制图 2-75 所示的凸轮草图。

3．查找有哪些草图绘制按钮和编辑按钮，熟悉各个按钮的使用。

4．找到添加几何关系和智能标注的按钮，思考草图几何关系和智能标注的不同含义。

图2-74 棘轮草图

图2-75 凸轮草图

第 **3** 章

零件建模的草绘特征

　　本章将主要介绍零件草绘特征。所谓零件草绘特征是指在特征的创建过程中，设计者必须通过草绘特征截面才能生成特征。创建草绘特征是零件建模过程中的主要工作。草绘特征包括拉伸特征、旋转特征、扫描特征、放样特征及加强筋特征等。

学　习　要　点

◎ 零件建模的基本概念

◎ 零件特征分析

◎ 拉伸、旋转、扫描、放样、加强筋特

　　征的生成

3.1 零件建模的基本概念

传统的机械设计要求设计人员必须具有较强的三维空间想象能力和表达能力。当设计师接到一个新的零件设计任务时，他的脑海中必须首先构造出该零件的三维形状，然后按照三视图的投影规律，用二维工程图将零件的三维形状表达出来。显然，这种设计方式工作量较大，且缺乏直观性。早期的 CAD 技术仅仅是辅助完成一些二维绘图工作，如目前广泛应用的AutoCAD。随着计算机相关技术，尤其是计算机图形学的发展，CAD 技术也逐渐由二维绘图向三维设计过渡。三维 CAD 系统采用三维模型进行产品设计，设计过程如同实际产品的构造过程和加工制造过程一样，可以反映产品真实的几何形状，使设计过程更加符合设计师的设计习惯和思维方式，因此设计师可以更加专注于产品设计本身，而不是产品的图形表示。由于三维 CAD 系统具有设计过程直观、设计效率高等特点，相信在不久的将来会完全取代二维CAD 软件。

三维 CAD 模型的表示经历了从线框模型、曲面模型到实体模型的发展过程，所表示的几何体信息也越来越完整和准确。表 3-1 列出了三种几何建模技术的比较。

表3-1 三种几何建模技术的比较

应用场合	线框模型	曲面模型	实体模型
数据结构	点和边	点、边和面／参数方程	点、线、面、体和相关信息
工程图能力	好	有限	好
剖切视图	仅有交点	仅有交线	交线与剖切面
自动消隐线	不可能	可行	可行
真实感图形	不可能	可行	可行
物性计算	有限制	在人机交互下可行	全自动且精确
干涉检查	凭视觉	用真实感图形判别	可行
计算机要求	低	一般	32 位机

SOLIDWORKS 是基于特征的实体造型软件。"基于特征"这个术语的意思是：零件模型的构造是由各种特征来生成的，零件的设计过程就是特征的累积过程。

所谓特征是指可以用参数驱动的实体模型。通常，特征应满足如下条件：

1）特征必须是一个实体或零件中的具体构成之一。

2）特征能对应于某一形状。

3）特征应该具有工程上的意义。

4）特征的性质是可以预料的。

3.2 零件特征分析

任何复杂的机械零件，从特征的角度看，都可以看成是由一些简单的特征所组成，所以可以把它们叫作组合体。

组合体按其组成方式可以分为特征叠加、特征切割和特征相交 3 种基本形式，如图 3-1 所示。

a）叠加   b）切割   c）相交

图3-1 组合体的组成方式

在零件建模前，一般首先应进行深入的特征分析，搞清零件是由哪几个特征组成，明确各个特征的形状，它们之间的相对位置和表面连接关系；然后按照特征的主次关系，按一定的顺序进行建模。下面对图 3-1 所示的 3 个简单零件进行特征分析。

叠加体零件可看成是由 3 个简单特征叠加而成，既由作为底板的长方体特征 1，半圆柱特征 2 和小长方体特征 3 组成，如图 3-2 所示。

半圆柱特征 2   小长方体特征 3   长方体特征 1

图3-2 叠加体零件特征分析

切割体零件可以看成是由一个长方体被 3 个简单特征切割而成，如图 3-3 所示。

切除特征 1   切除特征 2   切除特征 3   长方体特征

图3-3 切割体零件特征分析

相交体零件可以看成是由两个圆柱体特征相交而成，如图 3-4 所示。

圆柱体特征 2

圆柱体特征 1

图3-4 相交体零件特征分析

一个复杂的零件，可能是由许多个简单特征经过相互之间的叠加、切割或相交组合而成的。零件建模时，特征的生成顺序很重要。不同的建模过程虽然可以构造出同样的实体零件，但其造型过程及实体的造型结构却直接影响到实体模型的稳定性、可修改性、可理解性及实体模型的应用。通常，实体零件越复杂，其稳定性、可靠性、可修改性、可理解性就越差。因此，在技术要求允许的情况下，应尽量简化实体零件的特征结构。

SOLIDWORKS 2018 按创建顺序将构成零件的特征分为基本特征和构造特征两类。最先建立的那个特征就是基本特征，它常常是零件最重要的特征。在建立好基本特征后，才能创建其他各种特征，基本特征之外的这些特征统称为构造特征。另外，按照特征生成方法的不同，又可以将构成零件的特征分为草绘特征和放置特征。草绘特征是指在特征的创建过程中，设计者必须通过草绘特征截面才能生成的特征。创建草绘特征是零件建模过程中的主要工作。放置特征是系统内部定义好的一些参数化特征。创建过程中，设计者只要按照系统的提示，设定各种参数即可。这类特征一般是零件建模过程中的常用特征，如孔特征。

3.3 零件三维实体建模的基本过程

一个零件的建模过程，实际上就是将许多个简单特征相互之间叠加、切割或相交的操作过程。按照特征的创建顺序，因此一个零件的实体建模的基本过程可以由如下几个步骤组成：

1）进入零件设计模式。

2）分析零件特征，并确定特征创建顺序。

3）创建与修改基本特征。

4）创建与修改其他构造特征。

5）所有特征创建完成后，存储零件模型。

3.4 拉伸特征

拉伸特征由截面轮廓草图经过拉伸而成，它适用于构造等截面的实体特征。

3.4.1 拉伸

图 3-5 所示为利用拉伸特征生成的零件。

图3-5 利用拉伸基体/凸台特征生成的零件

要生成拉伸特征，可做如下操作：

1）保持草图处于激活状态，单击[特征]控制面板上的[拉伸凸台/基体]按钮，或选择"插入"→"凸台/基体"→"拉伸"命令。

2）弹出"凸台-拉伸"属性管理器，如图 3-6 所示。

图3-6 拉伸基体

3）在"方向1"栏中的 终止条件下拉列表框中选择拉伸的终止条件。

①"给定深度"：从草图的基准面拉伸到指定的距离平移处，以生成特征，如图 3-7 所示。

②"完全贯穿"：从草图的基准面拉伸直到贯穿所有现有的几何体，如图 3-8 所示。

③"成形到下一面"：从草图的基准面拉伸到下一面（隔断整个轮廓），以生成特征。下一面必须在同一零件上，如图 3-9 所示。

图3-7 给定深度　　　　　　　图3-8 完全贯穿　　　　　　图3-9 成形到下一面

④"成形到一面"：从草图的基准面拉伸到所选的曲面以生成特征，如图 3-10 所示。

⑤"到离指定面指定的距离"：从草图的基准面拉伸到离某面或曲面之特定距离处以生成特征，如图 3-11 所示。

图3-10 成形到一面　　　　　　　　　图3-11 到离指定面指定的距离

⑥"两侧对称"：从草图基准面向两个方向对称拉伸，如图 3-12 所示。

⑦"成形到一顶点"：从草图基准面拉伸到一个平面，这个平面平行于草图基准面且穿越指定的顶点，如图 3-13 所示。

⑧成形到实体：从草图基准面拉伸到相邻实体的一个平面。

图3-12 两侧对称　　　　　　　　　图3-13 成形到一顶点

4）在右边的图形区域中检查预览。如果需要，可单击反向按钮 ，向另一个方向拉伸。

5）在深度 🔧微调框中输入拉伸的深度。

6）如果要给特征添加一个拔模，可单击拔模开关按钮 🔲，然后输入一个拔模角度。图 3-14 所示为拔模说明。

7）如果有必要，可选择"方向 2"复选框，将拉伸应用到第二个方向。

8）保持"薄壁特征"复选框不被选中，单击按钮 ✔，完成基体/凸台的生成。

无拔模　　　　　向内拔模 10°　　　　向外拔模 10°

图3-14 拔模说明

📖 3.4.2 拉伸薄壁特征

SOLIDWORKS 可以对闭环和开环草图进行薄壁拉伸，如图 3-15 所示。所不同的是，如果草图本身是一个开环图形，则拉伸凸台/基体工具只能将其拉伸为薄壁；如果草图是一个闭环图形，则既可以选择将其拉伸为薄壁特征，也可以选择将其拉伸为实体特征。

闭环　　　　　　　　　开环

图3-15 开环和闭环草图的薄壁拉伸

要生成拉伸薄壁特征，可做如下操作：

1）保持草图处于激活状态，单击[特征]控制面板上的[拉伸凸台/基体]按钮 🔳，或选择"插入"→"凸台/基体"→"拉伸"命令。

2）在出现的"凸台-拉伸"属性管理器中选择"薄壁特征"复选框，如果草图是开环系统则只能生成薄壁特征。

3）在 🔳 右边的"拉伸类型"下拉列表框中指定拉伸薄壁特征的方式。

①"单向"：使用指定的壁厚向一个方向拉伸草图。

②"两侧对称"：在草图的两侧各以指定壁厚的一半向两个方向拉伸草图。

③"双向"：在草图的两侧各使用不同的壁厚向两个方向拉伸草图。

4）在厚度 🔧微调框中输入薄壁的厚度。

5）默认情况下，壁厚加在草图轮廓的外侧。单击反向按钮 🔳 可以将壁厚加在草图轮廓的内侧。

6）对于薄壁特征基体拉伸，还可以指定以下附加选项：

如果生成的是一个闭环的轮廓草图，可以选中"顶端加盖"复选框。此时将为特征的顶端加上封盖，形成一个中空的零件，如图 3-16 所示。

如果生成的是一个开环的轮廓草图，可以选中"自动加圆角"复选框。此时自动在每一个具有相交夹角的边线上生成圆角，如图 3-17 所示。

7）单击 ✔ 按钮，完成拉伸薄壁特征的生成。

图3-16 中空零件　　　　　　　　　　　　图3-17 带有圆角的薄壁

📖 3.4.3　拉伸切除特征

图 3-18 所示为利用拉伸切除特征生成的几种零件效果。

切除拉伸　　　　　　反侧切除　　　　　　拔模切除　　　　　　薄壁切除

图3-18 拉伸切除特征的几种效果

要生成切除拉伸特征，可做如下操作：

1）保持草图处于激活状态，单击[特征]控制面板上的"拉伸切除"按钮 ⬛，或选择"插入"→"切除"→"拉伸"命令。

2）弹出"切除-拉伸"属性管理器，如图 3-19 所示，其中的选项与"凸台-拉伸"属性管理器相同。

图3-19 [切除-拉伸]属性管理器

3）在"方向 1"栏中执行如下操作：

①在 ↗ 右边的终止条件下拉列表框中选择切除-拉伸的终止条件。

②如果选择了"反侧切除"复选框，则将生成反侧切除特征。

③单击反向按钮 ↗，可以向另一个方向切除。

④单击拔模开/关按钮 ▥，可以给特征添加拔模效果。

4）如果有必要，可选择"方向2"复选框将拉伸切除应用到第二个方向。重复步骤3。

5）如果要生成薄壁切除特征，可选中"薄壁特征"复选框，然后执行如下操作：

①在 ↗ 右边的下拉列表框中选择切除类型（单向、两侧对称或双向）。

②单击反向按钮 ↗ 可以以相反的方向生成薄壁切除特征。

③在厚度 ↔ 微调框中输入切除的厚度。

6）单击按钮 ✔，完成切除拉伸特征的生成。

3.5 旋转特征

旋转特征是由特征截面绕中心线旋转而成的一类特征，它适于构造回转体零件。图3-20所示为一个由旋转特征形成的零件实例。

图3-20 旋转特征实例

实体旋转特征的草图可以包含一个或多个闭环的非相交轮廓，但对于包含多个轮廓的基体旋转特征，其中一个轮廓必须包含所有其他轮廓。薄壁或曲面旋转特征的草图只能包含一个开环的或闭环的非相交轮廓。轮廓不能与中心线交叉。如果草图包含一条以上的中心线，可选择一条中心线作为旋转轴。

📖 3.5.1 旋转凸台/基体

要生成旋转的基体、凸台特征，可做如下操作：

1）绘制一条中心线和旋转轮廓。

2）单击[特征]控制面板上的[旋转凸台/基体]按钮 🥟，或选择"插入"→"凸台/基体"→"旋转"命令。

3）出现"旋转"属性管理器，同时在右边的图形区域中显示出生成的旋转特征，如图3-21所示。

4）在"旋转参数"栏的下拉列表框中选择"旋转类型"：

① "单向"：草图向一个方向旋转指定的角度，如图3-22所示。如果想要向相反的方向

图3-21 [旋转]属性管理器

旋转特征，可单击反向按钮![icon]。

②"两侧对称"：草图以所在平面为中面，分别向两个方向旋转相同的角度，如图3-23所示。

③"双向"：草图以所在平面为中面，分别向两个方向旋转指定的角度，这两个角度可以分别指定，如图3-24所示。

在角度![icon]微调框中指定旋转角度。

图3-22 单向

图3-23 两侧对称

图3-24 双向

5）如果准备生成薄壁旋转，则选中"薄壁特征"复选框，然后进行以下操作：

①在"薄壁特征"栏的下拉列表框中选择拉伸薄壁类型（单向、两侧对称或双向）。这里的类型与在旋转类型中的含义完全不同，这里的方向是指薄壁截面上的方向。

"单向"：使用指定的壁厚向一个方向拉伸草图，默认情况下，壁厚加在草图轮廓的外侧。

"两侧对称"：在草图的两侧各以指定壁厚的一半向两个方向拉伸草图。

"双向"：在草图的两侧各使用不同的壁厚向两个方向拉伸草图。

②在![icon]微调框中指定薄壁的厚度。单击反向按钮![icon]，可以将壁厚加在草图轮廓的内侧。

6）单击按钮![icon]，完成旋转凸台/基体调整的生成。

📖 3.5.2 旋转切除

与旋转凸台/基体特征不同的是，旋转切除特征用来产生切除特征，也就是用来去除材料。图3-25所示为利用旋转切除特征生成的几种零件效果。

旋转切除 　　　　　　旋转薄壁切除

图3-25 旋转切除的几种效果

要生成旋转切除特征，可做如下操作：

1）选择模型面上的一张草图轮廓和一条中心线。

2）单击[特征]控制面板上的[旋转切除]按钮![icon]，或选择"插入"→"切除"→"旋转"命令。

3）出现"切除-旋转"属性管理器，同时在右边的图形区域中显示生成的旋转切除特征，如图3-26所示。

4）在"旋转参数"栏的下拉列表框中选择旋转类型（单向、两侧对称、双向）。其含义同"旋转凸台/基体"属性管理器中的"旋转类型"。

图3-26 [切除-旋转]属性管理器

5）在 ⊿ 微调框中指定旋转角度。

6）如果准备生成薄壁旋转，则选中"薄壁特征"复选框，设定薄壁旋转参数。

7）单击按钮 ✔，完成旋转切除特征的生成。

3.6 扫描特征

扫描特征是指由二维草绘平面沿一条平面或空间轨迹线扫描而成的一类特征。通过沿着一条路径移动轮廓（截面）可以生成基体、凸台、切除或曲面。图 3-27 所示为一个利用扫描特征生成的零件实例。

图3-27 扫描特征实例

SOLIDWORKS 2018 的扫描特征遵循以下规则：

1）扫描路径可以为开环或闭环。

2）路径可以是一张草图中包含的一组草图曲线、一条曲线或一组模型边线。

3）路径的起点必须位于轮廓的基准面上。

4）对于凸台/基体扫描特征，轮廓必须是闭环的；对于曲面扫描特征，则轮廓可以是闭环的也可以是开环的。

5）不论是截面、路径或所形成的实体，都不能出现自相交叉的情况。

3.6.1 凸台/基体扫描

凸台/基体扫描特征属于叠加特征，要生成凸台/基体扫描特征，可做如下操作。

1）在一个基准面上绘制一个闭环的非相交轮廓。

2）使用草图、现有的模型边线或曲线生成轮廓将遵循的路径，如图 3-28 所示。

3）单击[特征]控制面板上的[扫描]按钮 🗸，或选择"插入"→"凸台/基体"→"扫描"命令。此时，出现"扫描"属性管理器，同时在右边的图形区域中显示生成的扫描特征，如图 3-29 所示。

图3-28 生成路径　　　　　　　图3-29 [扫描]属性管理器

4）单击[轮廓]按钮，在图形区域中选择轮廓草图。

5）单击[路径]按钮，在图形区域中选择路径草图。如果预先选择了轮廓草图或路径草图，则草图将显示在对应的属性管理器方框内。

6）勾选"圆形轮廓"，将直接在模型上沿草图线、边线或曲线创建实体杆或空心管筒，而无需绘制草图

7）在"方向/扭转控制"下拉列表框中选择以下选项：

①"随路径变化"：草图轮廓随路径的变化而变换方向，其法线与路径相切（见图 3-30）。

②"保持法向不变"：草图轮廓保持法线方向不变（见图 3-31）。

8）如果扫描截面具有相切的线段，选择"保持相切"复选框，将使所生成的扫描中相应的曲面保持相切。保持相切的面可以是基准面、圆柱面或锥面。

图3-30 随路径变化　　　　　　　图3-31 保持法向不变

9）如果选择了"高级光顺"复选框，扫描截面中如果有圆形或椭圆形的圆弧，则截面将被近似处理，生成更平滑的曲面。

10）如果要生成薄壁扫描特征，则选中"薄壁特征"复选框，从而激活薄壁选项：

11）选择薄壁类型（单向、两侧对称或双向）。

12）设置薄壁厚度。

13）单击按钮，完成凸台/基体扫描特征的生成。

3.6.2 扫描切除

扫描切除特征属于切割特征。要生成扫描切除特征，可做如下操作：

1）在一个基准面上绘制一个闭环的非相交轮廓。

2）使用草图、现有的模型边线或曲线生成轮廓将遵循的路径。

3）选择"插入"→"切除"→"扫描"命令。

4）出现"切除-扫描"属性管理器，同时在右边的图形区域中显示生成的扫描切除特征，如图 3-32 所示。

图3-32 [切除-扫描]属性管理器

5）单击[轮廓]按钮 ⓒ，在图形区域中选择轮廓草图。

6）单击[路径]按钮 ⓒ，在图形区域中选择路径草图。如果预先选择了轮廓草图或路径草图，则草图将显示在对应的属性管理器方框内。

7）在"方向/扭转控制"下拉列表框中选择扫描方式。

8）其余选项同凸台/基体扫描。

9）单击 ✔ 按钮，完成扫描切除特征的生成。

3.6.3 引导线扫描

SOLIDWORKS 2018 不仅可以生成等截面的扫描，还可以生成随着路径变化截面也发生变化的扫描——引导线扫描。图 3-33 所示为引导线扫描效果。

在利用引导线生成扫描特征之前，应该注意以下几点：

1）应该先生成扫描路径和引导线，然后再生成截面轮廓。

2）引导线必须要和轮廓相交于一点，作为扫描曲面的顶点。

3）最好在截面草图上添加引导线上的点和截面相交处之间的穿透关系。

图3-33 引导线扫描效果

如果要利用引导线生成扫描特征，可做如下操作：

1）生成引导线。可以使用任何草图曲线、模型边线或曲线作为引导线。

2）生成扫描路径。可以使用任何草图曲线、模型边线或曲线作为扫描路径。

3）绘制扫描轮廓。

4）在轮廓草图中引导线与轮廓的相交处添加穿透几何关系。穿透几何关系将使截面沿着路径改变大小、形状或者两者均改变。截面受曲线的约束，但曲线不受截面的约束。

5）单击[特征]控制面板上的[扫描]按钮 ，或选择"插入"→"基体/凸台"→"扫描"命令。如果要生成扫描切除特征，则选择"插入"→"切除"→"扫描"命令。

6）出现"基体－扫描"属性管理器，同时在右边的图形区域中显示生成的基体或凸台扫描特征。

7）单击[轮廓]按钮 ，然后在图形区域中选择轮廓草图。

8）单击[路径]按钮 ，然后在图形区域中选择路径草图。如果选择了"显示预览"复选框，此时在图形区域中将显示不随引导线变化截面的扫描特征。

9）在[引导线]栏中单击[引导线]按钮 ，然后在图形区域中选择引导线。此时在图形区域中将显示随着引导线变化截面的扫描特征，如图 3-34 所示。

图3-34 引导线扫描

10）如果存在多条引导线，可以单击上移按钮⬆️或下移按钮⬇️来改变使用引导线的顺序。

11）单击[显示截面]按钮👁️，然后单击微调框箭头，根据截面数量查看并修正轮廓。

12）在"选项"栏中的"方向/扭转控制"下拉列表框中选择以下选项：

①"随路径变化"：草图轮廓随路径的变化而变换方向，其法线与路径相切。

②"保持法向不变"：草图轮廓保持法线方向不变。

③"随路径和第一条引导线变化"：如果引导线不只一条，选择该项将使扫描随第一条引导线变化（见图3-35）。

④"随第一条和第二条引导线变化"：如果引导线不只一条，选择该项将使扫描随第一条和第二条引导线同时变化（见图3-36）。

图3-35 随路径和第一条引导线变化　　　　　　图3-36 随第一条和第二条引导线变化

13）如果扫描截面具有相切的线段，选择"保持相切"复选框将使所生成的扫描中相应的曲面保持相切。保持相切的面可以是基准面、圆柱面或锥面。

14）如果选择了"高级光顾"复选框，扫描截面中如果有圆形或椭圆形的圆弧，则截面将被近似处理，生成更平滑的曲面。

15）如果要生成薄壁特征扫描，则选中"薄壁特征"复选框，从而激活薄壁选项：

①选择薄壁类型（单向、两侧对称或双向）。

②设置薄壁厚度。

16）在"起始处和结束处相切"栏中可以设置起始处或结束处的相切选项：

①"无"：不应用相切。

②"路径相切"：扫描在起始处和结束处与路径相切。

③"方向向量"：扫描与所选的直线边线或轴线相切，或与所选基准面的法线相切。

④"所有面"：扫描在起始处和结束处与现有几何的相邻面相切。

17）单击按钮✔️，完成引导线扫描特征的生成。

扫描路径和引导线的长度可能不同，如果引导线比扫描路径长，扫描将使用扫描路径的长度；如果引导线比扫描路径短，扫描将使用最短的引导线的长度。

3.7 放样特征

所谓放样是指连接多个剖面或轮廓形成的基体、凸台或切除，通过在轮廓之间进行过渡来生成特征。图 3-37 所示为一个利用放样特征生成的零件实例。

图3-37 放样特征实例

3.7.1 设置基准面

放样特征需要连接多个面上的轮廓，这些面既可以平行也可以相交。

3.7.2 凸台放样

通过使用空间上两个或两个以上的不同平面轮廓，可以生成最基本的放样特征。
要生成空间轮廓的放样特征，可做如下操作：

1）至少生成一个空间轮廓。空间轮廓可以是模型面或模型边线。

2）建立一个新的基准面，用来放置另一个草图轮廓。基准面间不一定要平行。

3）在新建的基准面上绘制要放样的轮廓。

4）单击[特征]控制面板上的[放样凸台/基体]按钮，或选择"插入"→"凸台/基体"→"放样"命令。如果要生成切除放样特征，则选择"插入"→"切除"→"放样"命令。

5）出现"放样"属性管理器，单击每个轮廓上相应的点，以按顺序选择空间轮廓和其他轮廓的面，此时被选择轮廓显示在"轮廓" 栏中，在右边的图形区域中显示生成的放样特征，如图 3-38 所示。

图3-38 "放样"属性管理器

6）单击上移按钮 ⬆ 或下移按钮 ⬇ 来改变轮廓的顺序。此项只针对两个以上轮廓的放样特征。

7）如果要在放样的起始处和结束处控制相切，则设置"起始/结束约束"选项：

①"无"：不应用相切。

②"垂直于轮廓"：放样在起始处和结束处与轮廓的草图基准面垂直。

③"方向向量"：放样与所选的边线或轴相切，或与所选基准面的法线相切。

④"所有面"：放样在起始处和结束处与现有几何的相邻面相切。图3-39所示为相切选项的差异。

8）如果要生成薄壁放样特征，可选中"薄壁特征"复选框，从而激活薄壁选项。

9）选择薄壁类型（单向、两侧对称或双向）。

10）设置薄壁厚度。

11）单击按钮 ✔，完成放样。

原始图形

起始：无相切　　　　起始：垂直于轮廓　　　　起始：方向向量　　　　起始：所有面

图3-39 相切选项的差异

3.7.3 引导线放样

同生成引导线扫描特征一样，SOLIDWORKS 2018也可以生成引导线放样特征。通过使用两个或多个轮廓并使用一条或多条引导线来连接轮廓，可以生成引导线放样。通过引导线可以帮助控制所生成的中间轮廓。图3-40所示为引导线放样效果。

在利用引导线生成放样特征时，应该注意以下几点：

1）引导线必须与轮廓相交。

2）引导线的数量不受限制。

3）引导线之间可以相交。

4）引导线可以是任何草图曲线、模型边线或曲线。

5）引导线可以比生成的放样特征长，放样将终止于最短的引导线的末端。

要生成引导线放样特征，可做如下操作：

1）绘制一条或多条引导线。

2）绘制草图轮廓，草图轮廓必须与引导线相交。

3）在轮廓所在草图中为引导线和轮廓顶点添加穿透几何关系或重合几何关系。

4）单击[特征]控制面板上的[放样凸台/基准]按钮 🥄，或选择"插入"→"凸台/基体"→"放样"命令。如果要生成切除特征，则选择"插入"→"切除"→"放样"命令。

5）出现"放样"属性管理器，单击每个轮廓上相应的点，以按顺序选择空间轮廓和其他轮廓的面，此时被选择轮廓显示在"轮廓" ◇ 栏中。

6）单击上移按钮 ⬆ 或下移按钮 ⬇ 来改变轮廓的顺序。此项只针对两个以上轮廓的放样特征。

7）在"引导线"栏中单击引导线框 👌，然后在图形区域中选择引导线。此时在图形区域中将显示随引导线变化的放样特征，如图 3-41 所示。

图3-40 引导线放样效果　　　　　　　　　　图3-41 引导线放样

8）如果存在多条引导线，可以单击上移按钮 ⬆ 或下移按钮 ⬇ 来改变使用引导线的顺序。

9）通过"起始处/结束处相切"选项可以控制草图、面或曲面边线之间的相切量和放样方向。

10）如果要生成薄壁特征，可选中"薄壁特征"复选框，从而激活薄壁选项，设置薄壁特征。

11）单击按钮 ✔，完成放样。

 3.7.4　中心线放样

SOLIDWORKS 2018 还可以生成中心线放样特征。中心线放样是指将一条变化的引导线作为中心线进行的放样，在中心线放样特征中，所有中间截面的草图基准面都与此中心线垂直。

中心线放样中的中心线必须与每个闭环轮廓的内部区域相交，而不是像引导线放样那样，引导线必须与每个轮廓线相交。图3-42所示为中心线放样效果。

要生成中心线放样特征，可做如下操作：

1）生成放样轮廓。

2）绘制曲线或生成曲线作为中心线，该中心线必须与每个闭环轮廓的内部区域相交。

3）单击[特征]控制面板上的[放样凸台/基准]按钮，或选择"插入"→"凸台/基体"→"放样"命令。如果要生成切除特征，则选择"插入"→"切除"→"放样"命令。

4）出现"放样"属性管理器，单击每个轮廓上相应的点，以按顺序选择空间轮廓和其他轮廓的面。此时被选择轮廓显示在"轮廓"栏中。

5）单击上移按钮或下移按钮来改变轮廓的顺序。此项只针对两个以上轮廓的放样特征。

6）在"中心线参数"栏中单击中心线框，然后在图形区域中选择中心线。此时在图形区域中将显示随中心线变化的放样特征，如图3-43所示。

图3-42 中心线放样效果

图3-43 中心线放样

7）调整"截面数"滑杆来更改在图形区域显示的预览数。

8）单击显示截面按钮，然后单击微调箭头，根据截面数量查看并修正轮廓。

9）如果要在放样的起始处和结束处控制相切，则设置"起始处/结束处相切"选项。

10）如果要生成薄壁特征，则选中"薄壁特征"复选框并设置薄壁特征。

11）单击按钮，完成放样。

3.7.5 用分割线放样

要生成一个与空间曲面无缝连接的放样特征，就必须要用到分割线放样。投影一个草图曲线到所选的模型面上，将面分割为多个面，这样就可以选择每个面。分割线可用来生成拔模特征和混合面圆角，并可延展曲面来切除模具。

利用曲线工具栏上的分割线工具可以将草图投影到曲面或平面。它可以将所选的面分割为多个分离的面，从而可以选取每一个面。分割线工具可以生成两种类型的分割线：

1）投影线：将一个草图轮廓投影到一个表面上。

2）侧影轮廓线：在一个曲面零件土生成一条分割线。

要生成一条投影线，可做如下操作：

1）绘制一条要投影为分割线的草图轮廓。

2）单击[曲线]工具栏上的[分割线]按钮，或选择"插入"→"曲线"→"分割线"命令。

3）在出现的"分割线"属性管理器（见图3-44）中选择"分割类型"为"投影"。

4）单击要投影的草图框，然后在图形区域中选择绘制的草图轮廓。

5）单击要分割的面框，然后选择零件周边所有希望分割线经过的面。

6）如果选择"单向"复选框，将只以一个方向投影分割线。

7）如果选择"反向"复选框，将以反向投影分割线。

8）单击按钮，完成投影线的生成。图3-45所示为投影线的生成。

图3-44 [分割线]属性管理器

图3-45 投影线的生成

要生成轮廓分割线，可做如下操作：

1）单击[曲线]工具栏上的[分割线]按钮，或选择"插入"→"曲线"→"分割线"命令。

2）在出现的"分割线"属性管理器中选择"分割类型"为"轮廓"。

3）单击拔模方向框，然后在图形区域或 FeatureManager 设计树中选择通过模型轮廓（外边线）投影的基准面。

4）单击要分割的面框，然后选择一个或多个要分割的面（这些面不能是平面）。

5）单击按钮 ✔。基准面通过模型投影，从而生成基准面与所选面的外部边线相交的轮廓分割线，如图 3-46 所示。

分割线的出现可以将放样中的空间轮廓转换为平面轮廓，从而使放样特征进一步扩展到空间模型的曲面上。

要使用分割线放样，可做如下操作：

1）使用分割线工具在模型面上生成一个空间轮廓，如图 3-46 或图 3-47 所示。

2）建立轮廓草图所需的基准面，或者使用现有的基准面，各个基准面不一定要平行。

图3-46 轮廓分割线的生成

3）在基准面上绘制草图轮廓。

4）单击[特征]控制面板上的[放样凸台/基体]按钮 ⬇，或选择"插入"→"凸台/基体"→"放样"命令。如果要生成切除特征，则选择"插入"→"切除"→"放样"命令。

5）出现"放样"属性管理器。单击每个轮廓上相应的点，以按顺序选择空间轮廓和其他轮廓的面。此时被选择轮廓显示在"轮廓"栏的 ◇ 框中。这时，分割线也是一个轮廓。

6）单击上移按钮 ⬆ 或下移按钮 ⬇ 来改变轮廓的顺序。此项只针对两个以上轮廓的放样特征。

7）如果要在放样的起始处和结束处控制相切，则设置"起始处/结束处相切"选项。

8）如果要生成薄壁特征，则选中"薄壁特征"复选框并设置薄壁特征。

9）单击按钮 ✔，完成放样。图 3-47 所示为分割线放样效果。

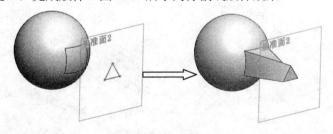

图3-47 分割线放样效果

利用分割线不仅可以生成普通的放样特征，还可以生成引导线或中心线放样特征。它们的操作步骤基本是一样的，这里不再赘述。

3.8 加强筋特征

加强筋特征是零件建模过程中常用的草绘特征，它只能用作增加材料的特征，不能生成切除特征。

在 SOLIDWORKS 2018 中，筋实际上是由开环的草图轮廓生成的特殊类型的拉伸特征，它在轮廓与现有零件之间添加指定方向和厚度的材料。图 3-48 所示为几种筋特征的效果。

图3-48 筋特征效果

如果要生成筋特征，可做如下操作：

1）使用一个与零件相交的基准面来绘制作为筋特征的草图轮廓，如图 3-49 所示。草图轮廓可以是开环或闭环，也可以是多个实体。

2）单击[特征]控制面板上的[筋]按钮，或选择"插入"→"特征"→"筋"命令。

3）出现"筋"属性管理器，同时在右边的图形区域中显示生成的筋特征，如图 3-50 所示。

4）选择一种厚度生成方式。

①单击按钮，在草图的左边添加材料生成筋。

②单击按钮，在草图的两边均等地添加材料生成筋。

③单击按钮，在草图的右边添加材料生成筋。

5）在微调框中指定筋的厚度。

6）对于在平行基准面上生成的开环草图，可以选择拉伸方向。单击按钮，平行于草图方向生成筋，如图 3-51 所示。单击按钮，垂直于草图方向生成筋。

图3-49 作为筋特征的草图轮廓　　　图3-50 [筋]属性管理器　　　图3-51 平行于草图方向生成筋

7）如果选择了垂直于草图方向生成筋，还需要选择拉伸类型。

①线性拉伸：将生成一个与草图方向垂直而延伸草图轮廓的筋，直到它们与边界汇合。

②自然拉伸：将生成一个与轮廓方向相同而延伸草图轮廓的筋，直到它们与边界汇合，如图 3-52 所示。

8）如果选择了平行于草图方向生成筋，则只有线性拉伸类型。

9）选择"反转材料方向"复选框可以改变拉伸方向。

10）如果要对筋做拔模处理，可单击[拔模开/关]按钮。

11）输入拔模角度。

12）单击按钮，即可完成筋特征的生成。

图3-52 线性拉伸和自然拉伸

3.9 训练实例

特征设计是 SOLIDWORKS 2018 零件设计的灵魂,掌握了特征设计也就掌握了零件设计。一个零件的设计过程实际就是许多个简单特征相互之间叠加、切割或相交的操作过程。下面将介绍几个零件实例,并给出详细的操作步骤。

3.9.1 软盘盒

利用拉伸和切除特征进行零件建模,生成如图 3-53 所示的软盘盒。

图3-53 软盘盒

本案例视频内容:"X:\动画演示\第 3 章\软盘盒.avi"。

1. 建立新的零件文件

单击新建按钮 □,或选择"文件"→"新建"命令,新建一个零件文件。

2. 生成拉伸基体特征

(1)绘制草图。

1)单击[草图绘制]按钮 └,新建一张草图。默认情况下,新的草图在前视基准面上打开。

2)单击"草图"操控面板上的[直线]按钮 ╱。

3)将鼠标指针移动到原点处,当鼠标指针变为 ╲ 形状时单击,绘制开环轮廓。

4)单击[智能尺寸]按钮 ╲,标注直线尺寸,如图 3-54 所示。

(2)创建基体拉伸特征。

1)单击[特征]控制面板上的[拉伸凸台/基体]按钮 ◉,或选择"插入"→"凸台/基体"→"拉伸"命令。

2）在"方向1"中设定拉伸的终止条件为"给定深度"，并在 ⫞Di 微调框中设置拉伸深度为 100mm。

3）在"薄壁特征"栏中单击反向按钮 ⬈，使薄壁沿内侧拉伸。

4）在 ⫞Ti 微调框中设置薄壁的厚度为 2mm。

5）单击按钮 ✔，生成开环薄壁拉伸特征，如图 3-55 所示。

图3-54 绘制草图并标注尺寸   图3-55 生成开环薄壁拉伸特征

3. 生成基体拉伸特征

（1）绘制草图。

1）选择薄壁的底面内侧，单击[草图绘制]按钮 ⌐，在其上打开一张草图。

2）沿薄壁的边绘制一个 104mm×2mm 的矩形，如图 3-56 所示。

（2）创建基体拉伸特征。

1）单击[特征]控制面板上的[拉伸凸台/基体]按钮 ⬔，或选择"插入"→"凸台/基体"→"拉伸"命令。

2）在"方向1"中设定拉伸的终止条件为"给定深度"，并在 ⫞Di 微调框中设置拉伸深度为 45mm。

3）单击按钮 ✔，完成矩形拉伸，如图 3-57 所示。

4. 生成基体拉伸切除特征

（1）绘制草图。

1）选择薄壁的底面内侧，单击[草图绘制]按钮 ⌐，在其上打开一张草图。

2）沿底面边缘绘制一个 100mm×56mm 的矩形，如图 3-58 所示。

（2）创建基体拉伸切除特征。

1）单击[特征]控制面板上的[拉伸切除]按钮 ⬕，或选择"插入"→"切除"→"拉伸"命令。

2）设置切除的终止条件为"完全贯穿"。单击按钮 ✔，生成拉伸切除特征，如图 3-59 所示。

图3-56 绘制矩形   图3-57 完成矩形拉伸   图3-58 绘制矩形   图3-59 生成拉伸切除特征

5. 生成基体拉伸特征

（1）绘制草图。

1）选择侧壁内侧，单击[草图绘制]按钮 ⌐，在其上打开一张草图。

2）单击[草图]操控面板上的[圆]按钮⊙，绘制一个直径为8mm的圆。

3）单击[智能尺寸]按钮，为圆定位，如图3-60所示。

（2）创建基体拉伸特征。

1）单击[特征]控制面板上的[拉伸凸台/基体]按钮，或选择"插入"→"凸台/基体"→"拉伸"命令。

2）在"方向1"栏中设定拉伸的终止条件为"给定深度"，并在微调框中设置拉伸深度为3mm。

3）选中"薄壁特征"复选框，单击反向按钮，使薄壁沿内侧拉伸。

4）在微调框中设置薄壁厚度为1mm。

5）单击按钮，生成薄壁特征，如图3-61所示。

（3）生成对称的拉伸特征。仿照步骤（1）和（2），在另一侧薄壁内侧生成对称的薄壁拉伸特征。

6．保存文件

单击标准工具栏中的"保存"按钮，或者选择"文件"→"保存"命令。将草图保存，文件名为"软盘盒2.sldprt"。

至此整个零件就制作完成了。实际上，这个零件用抽壳的办法可以更容易地生成。这里之所以用拉伸/切除的办法，一是为了使读者更深入地领会拉伸/切除的方法，二是为了说明不同的建模过程可以构造出同样的实体零件。但其造型过程及实体的造型结构却直接影响到实体的稳定性、可修改性和可理解性。

图3-60 定位圆　　　　　　　　　　　　图3-61 生成薄壁特征

3.9.2　轴

本案例利用旋转特征和拉伸切除特征进行零件建模，生成如图3-62所示的轴。

本案例视频内容："X：\动画演示\第3章\轴.avi"。

1．建立新的零件文件

单击[新建]按钮，或选择"文件"→"新建"命令新建一个零件文件。

2．生成旋转基体特征

（1）绘制草图。

1）单击[草图绘制]按钮，新建一张草图。默认情况下，新的草图在前视基准面上打开。

2）单击[草图]操控面板上的[中心线]按钮，绘制一条通过原点的竖直中心线。

3）单击[直线]按钮，绘制旋转轮廓。

4）单击[智能尺寸]按钮，标注直线尺寸，如图3-63所示。

（2）创建基体旋转特征。

1）单击[特征]控制面板上的[旋转凸台/基体]按钮。

2）在"旋转"属性管理器中设置旋转类型为"给定深度"，在微调框中设置旋转角度为 360°。

3）单击按钮，生成旋转特征，如图 3-64 所示。

图3-62 轴

图3-63 绘制草图并标注尺寸

图3-64 生成旋转特征

3. 生成基体旋转切除特征

（1）绘制草图。

1）选择 FeatureManager 设计树上的前视基准面，单击[草图绘制]按钮，在前视基准面上打开一张草图。

2）单击[视图（前导）]工具栏的[视图定向]中的[正视于]按钮，正视于前视基准面。

3）单击[草图]操控面板上的[中心线]按钮，绘制一条通过原点的竖直中心线。

4）利用矩形工具在草图上绘制一矩形。

5）单击[智能尺寸]按钮，标注直线尺寸，如图 3-65 所示。

（2）创建基体旋转切除特征。

1）单击[特征]控制面板上的[旋转切除]按钮，或选择"插入"→"切除"→"旋转"命令。

2）在"切除－旋转"属性管理器中设置旋转类型为"给定深度"，在微调框中设置旋转角度为 360°。

3）单击按钮，生成旋转切除特征，如图 3-66 所示。

图3-65 绘制草图并标注直线尺寸

图3-66 生成旋转切除特征

4. 生成基体拉伸切除特征

（1）绘制草图。

1）选择 FeatureManager 设计树上的右视基准面，单击[草图绘制]按钮，从而在右视基准面上打开一张草图。

2）利用矩形工具绘制拉伸切除用的草图轮廓，如图 3-67 所示。

（2）创建基体拉伸切除特征。

1）单击[特征]控制面板上的[拉伸切除]按钮，或选择"插入"→"切除"→"拉伸"命令。

2）设置切除的终止条件为"两侧对称"，在微调框中设置切除的深度为 20mm。

3）单击按钮，生成拉伸切除特征，结果如图 3-68 所示。

图3-67 拉伸切除用草图　　　图3-68 生成拉伸切除特征后的模型

5．创建基准平面

1）选择 FeatureManager 设计树上的前视基准面，选择"插入"→"参考几何体"→"基准面"命令。

2）在"基准面"属性管理器中单击[偏移距离]按钮，设置一个与前视基准面等距为 10mm 的基准面。

3）如果有必要可选中"反向"复选框，使基准面在前视面的另一侧，如图 3-69 所示。

6．生成基体旋转切除特征

（1）绘制草图。

1）单击[视图（前导）]工具栏[视图定向]中的[正视于]按钮，以正视于基准面1。

2）单击[草图绘制]按钮，在基准面1上打开一张草图。

3）单击[中心线]按钮和[矩形]按钮，绘制用于旋转切除的草图，如图 3-70 所示。

图3-69 生成基准面　　　　　图3-70 旋转切除用的草图

99

（2）创建基体旋转切除特征。

1）单击[特征]控制面板上的[旋转切除]按钮 ，或选择"插入"→"切除"→"旋转"命令。

2）在"切除-旋转"属性管理器中设置旋转类型为"给定深度"，在 微调框中设置旋转角度为360°。

3）单击按钮 ，生成旋转切除特征。

7. 保存文件

单击[标准]工具栏中的[保存]按钮 ，或者选择"文件"→"保存"命令。将草图保存，文件名为[轴.sldprt]。

到此该零件就制作完成了，最后的效果如图3-62所示。

3.9.3 扫描件

本案例运用扫描特征进行零件建模，生成如图3-71所示的扫描件。

本案例视频内容："X：\动画演示\第3章\扫描件.avi"。

1. 建立新的零件文件

单击[新建]按钮 ，或选择"文件"→"新建"命令，新建一个零件文件。

2. 生成基体扫描特征

（1）绘制草图1。

图3-71 扫描件

1）单击[草图绘制]按钮 ，新建一张草图。默认情况下，新的草图在前视基准面上打开。

2）单击"草图"操控面板上的[直线]按钮 和[切线弧]按钮 ，绘制扫描的路径草图，如图3-72所示。

3）利用[智能尺寸]工具 对扫描路径进行尺寸标注，如图3-73所示。

4）单击[退出草图]按钮 ，退出草图的绘制。

（2）绘制草图2。

1）在FeatureManager设计树上右键单击"草图1"，在弹出的快捷菜单中选择"隐藏"命令将草图1隐藏起来。

2）选择FeatureManager设计树上的右视基准面，单击[草图绘制]按钮 ，在右视基准面上打开一张草图。

3）单击[视图（前导）]工具栏[视图定向]中的[正视于]按钮 ，以正视于右视基准面。

4）单击"草图"操控面板上的[直线]按钮 和[中心线]按钮 ，绘制扫描轮廓草图。

图3-72 扫描路径草图　　　　　　　　　　　　图3-73 标注尺寸

5）单击[智能尺寸]按钮 ✎，对扫描路径进行尺寸标注，如图 3-74 所示。

6）选中草图上的所有元素，包括中心线。

7）单击[镜像实体]按钮 ⵕⵕ，将图形镜像到中心线的另一端，如图 3-75 所示。

图3-74 扫描轮廓草图　　　　　　　　　　图3-75 镜像草图

（3）绘制草图 3。

1）单击[退出草图]按钮 ⮌，退出草图的绘制。

2）在 FeatureManager 设计树上右键单击"草图 1"，在弹出的快捷菜单中选择"显示"命令，将"草图 1"显示出来。

（4）创建基体扫描特征。

1）单击"视图（前导）"工具栏中的[视图定向]中的"等轴测"按钮 ⬢，用等轴测视图观看图形，如图 3-76 所示。

2）单击[特征]控制面板上的[扫描]按钮 ✍，或选择"插入"→"凸台/基体"→"扫描"命令。

3）在"扫描"属性管理器中单击[轮廓]按钮 ⌒，然后在图形区域中选择轮廓草图。

图3-76 等轴侧视图效果

4）单击[路径]按钮 ⌒，然后在图形区域中选择路径草图。

5）单击按钮 ✔，生成扫描特征。

3. 保存文件

单击[标准]工具栏中的"保存"按钮 💾，或者选择"文件"→"保存"命令。将草图保存，文件名为[扫描件.sldprt]。

至此扫描件就制作完成了，最后的效果如图 3-71 所示。

📖3.9.4 杯子

本案例运用放样特征进行零件建模，生成如图 3-77 所示的杯子。

本案例视频内容："X：\动画演示\第 3 章\杯子.avi"。

图3-77 杯子

1. 建立新的零件文件

单击[新建]按钮，或选择"文件"→"新建"命令，新建一个零件文件。

2. 生成基体旋转特征

（1）绘制草图。

1）单击[草图绘制]按钮，新建一张草图。默认情况下，新的草图在前视基准面上打开。

2）单击[中心线]按钮，绘制一条通过原点的竖直中心线。

3）单击[直线]按钮和[绘制圆角]按钮，绘制旋转草图轮廓。

4）单击[智能尺寸]按钮，对旋转轮廓进行尺寸标注，如图 3-78 所示。

（2）创建旋转基体特征。

1）单击[特征]控制面板上的[旋转凸台/基体]按钮。

2）在弹出的询问对话框中单击按钮"否"。

3）在"旋转"属性管理器中设置旋转类型为"给定深度"，在微调框中设置旋转角度为 360°。单击薄壁拉伸的反向按钮，使薄壁向内部拉伸，并在微调框中设置薄壁的厚度为 1mm。

4）单击按钮，生成薄壁旋转特征，如图 3-79 所示。

图3-78 绘制旋转草图轮廓并标注尺寸　　　　图3-79 生成薄壁旋转特征

3. 生成基体扫描特征

（1）绘制草图 1。

1）选择 FeatureManager 设计树上的前视基准面，单击[草图绘制]按钮，在前视基准面上再打开一张草图。

2）单击[视图（前导）]工具栏[视图定向]中的[正视于]按钮，以正视于前视基准面。

3）单击[草图]操控面板上的[3点画弧]按钮，绘制一条与轮廓边线相交的圆弧作为放样的路径并标注尺寸，如图3-80所示。

4）单击[退出草图]按钮，退出草图的绘制。

（2）创建基准面1。

1）选择FeatureManager设计树上的上视基准面，选择"插入"→"参考几何体"→"基准面"命令。

2）在"基准面"属性管理器上的微调框中设置偏移距离为48mm。

3）单击按钮，生成基准面1，如图3-81所示。

图3-80 绘制放样路径并标注尺寸　　　　图3-81 生成基准面1

（3）绘制草图2。

1）单击[草图绘制]按钮，在基准面1视图上再打开一张草图。

2）单击[视图（前导）]工具栏[视图定向]中的[正视于]按钮，以正视于基准面1视图。

3）单击[草图]操控面板上的[圆]按钮，绘制一个直径为8mm的圆，注意绘制的中心线要通过圆，如图3-82所示。

4）单击[退出草图]按钮，退出草图的绘制。

（4）创建基准面2。

1）选择FeatureManager设计树上的右视基准面，选择"插入"→"参考几何体"→"基准面"命令。

2）在"基准面"属性管理器的微调框中设置等距距离为30mm。

3）单击按钮，生成基准面2，单击等轴测按钮，用等轴测视图观看图形，如图3-83所示。

图3-82 绘制圆　　　　图3-83 等轴测视图

（5）绘制草图3。

1）单击[视图（前导）]工具栏[视图定向]中的[正视于]按钮，以正视于基准面2视图。

2）单击[椭圆]按钮 ⊙，绘制椭圆。

3）单击[添加几何关系]按钮 ⊥，为椭圆的两个长轴端点添加水平几何关系。

4）标注椭圆尺寸，如图 3-84 所示。

5）单击[退出草图]按钮 ↵，退出草图的绘制。

（6）创建分割线。

1）选择"插入"→"曲线"→"分割线"命令，在"分割线"属性管理器中设置分割类型为"投影"。

2）选择要分割的面为旋转特征的轮廓面。单击按钮 ✔，生成分割线，如图 3-85（等轴测视图）所示。

图3-84 标注椭圆　　　　　　　　　图3-85 生成分割线

因为分割线不允许在同一草图上存在两个闭环轮廓，所以要仿照步骤（4）～（6）再生成一个分割线。不同的是，这个轮廓在中心线的另一端，如图 3-86 所示。

（7）创建基体放样特征。

1）单击[特征]控制面板上的[放样凸台/基体]按钮 🔖，或选择"插入"→"凸台/基体"→"放样"命令。

2）单击"放样"属性管理器中的放样轮廓框 ◇，然后在图形区域中依次选取轮廓 1、轮廓 2 和轮廓 3。单击中心线框 Ⅰ，在图形区域中选取中心线。

3）单击按钮 ✔，生成沿中心线的放样特征。

4．保存文件

单击[标准]工具栏中的"保存"按钮 💾，或者选择"文件"→"保存"命令。将草图保存，文件名为[杯子.sldprt]。

至此杯子就制作完成了，最后的效果（包括 FeatureManager 设计树）如图 3-87 所示。

图3-86 生成的放样轮廓　　　　　　　　　图3-87 最后的效果

📖3.9.5　导流盖

本案例运用筋特征进行零件建模，生成如图 3-88 所示的导流盖。

本案例视频内容："X：\动画演示\第 3 章\导流盖.avi"。

图3-88 导流盖

1．建立新的零件文件

单击[新建]按钮🗋，或选择"文件"→"新建"命令，新建一个零件文件。

2．生成基体旋转特征

（1）绘制草图。

1）单击[草图绘制]按钮🗖，新建一张草图。默认情况下，新的草图在前视基准面上打开。

2）单击[中心线]按钮🖉，绘制一条通过原点的竖直中心线。

3）单击[直线]按钮🖉和[切线弧]按钮🗩，绘制旋转草图轮廓。

4）单击[智能尺寸]按钮🖑，对旋转草图轮廓进行尺寸标注，如图 3-89 所示。

（2）创建旋转基体特征。

1）单击[特征]控制面板上的[旋转凸台/基体]按钮🕭。

2）在弹出的询问对话框中单击按钮"否"。

3）在"旋转"属性管理器中设置旋转类型为"单向"，并在 微调框中设置旋转角度为 360°。单击薄壁拉伸的反向按钮 ，使薄壁向内部拉伸，并在 微调框中设置薄壁的厚度为 2mm。

4）单击按钮✔，生成薄壁旋转特征，如图 3-90 所示。

图3-89 绘制旋转草图轮廓并标注尺寸

图3-90 生成薄壁旋转特征

3．生成筋特征

（1）绘制草图。

1）选择 FeatureManager 设计树上的右视基准面，单击[草图绘制]按钮🗖，在右视基准面上打开一张草图。

2）单击[视图（前导）]工具栏[视图定向]中的[正视于]按钮🔱，以正视于右视基准面。

3）单击[直线]按钮🖉，将鼠标指针移到台阶的边缘，当鼠标指针变为 形状时，表示鼠标指针正位于边缘上。移动鼠标以生成从台阶边缘到零件边缘的折线。

4）单击[智能尺寸]按钮 ，对折线进行尺寸标注，如图 3-91 所示。

5）单击等轴测按钮 ，用等轴测视图观看图形。

（2）创建筋特征。

1）单击[特征]控制面板上的[筋]按钮 ，或选择"插入"→"特征"→"筋"命令。

2）在"筋"属性管理器中单击两边添加按钮 ，设置厚度生成方式为两边均等添加材料。

3）在 微调框中指定筋的厚度为 3mm。

4）单击平行于草图生成筋按钮 ，设定筋的拉伸方向为平行于草图。

5）单击按钮 ，生成筋特征，如图 3-92 所示。

图3-91 绘制草图轮廓并标注尺寸   图3-92 生成筋特征

4. 生成其余筋特征

1）选择 FeatureManager 设计树上的右视基准面，单击[草图绘制]按钮 ，在右视基准面上再打开一张草图。

2）仿照步骤 3 中的（1），在旋转轮廓的左侧绘制一个筋轮廓，如图 3-93 所示。

3）仿照步骤 3 中的（2），生成另一个筋特征，如图 3-94 所示。

图3-93 绘制第二个筋轮廓   图3-94 生成第二个筋特征

 注意

因为在利用平行于草图拉伸生成筋的过程中，SOLIDWORKS 只允许草图中有一个开环轮廓，所以在本例中在右视基准面上建立两个草图，分别生成筋特征。实际上可以利用复制特征的办法使该零件的建模更为简单，这将在以后的章节中看到。

4）仿照步骤 3 和步骤 4，在前视基准面上分别建立两个草图，然后再分别利用它们生成对应的筋特征。

5. 保存文件

单击[标准]工具栏中的"保存"按钮 ，或者选择"文件"→"保存"命令。将草图保存，文件名为[导流盖.sldprt]。

至此导流盖就制作完成了，最后的效果如图 3-95 所示（包括 FeatureManager 设计树）。

3.10 上机操作

绘制如图 3-96 所示的支撑架。

本案例视频内容："X：\动画演示\第3章\上机操作\支撑架.avi"。

图3-95 最终的效果

图3-96 支撑架

操作提示：

1）新建文件。在[新建文件]对话框中选择零件图标，进入零件图模式。

2）创建草图。选择前视基准面，单击[草图绘制]按钮，进入草图绘制模式。

3）绘制草图。绘制如图 3-97 所示的草图。

4）产生支撑架本体。单击［拉伸凸台/基体）按钮，弹出对话框，设置拉伸长度为26mm，方式为两侧对称，拉伸实体后如图 3-98 所示。

图3-97 草图尺寸

图3-98 支撑架本体

5）切削沟槽。选取如图 3-98 中的表面 1，绘制如图 3-99 所示的沟槽草图；单击［拉伸切除]按钮，选择拉伸切除模式为完全贯穿，实体形状如图 3-100 所示。

图3-99 沟槽草图

图3-100 实体形状

6）生成圆弧体。选择前视基准面，绘制如图 3-101 所示的圆弧体草图。单击[旋转凸台/基体]按钮 ，选取中心线作为旋转轴线，生成圆弧体，如图 3-102 所示。

7）切削圆弧体。选择前视基准面，绘制如图 3-103 所示的切削草图；单击 [拉伸切除]按钮 ，设置切除方向 1 与方向 2 为完全贯穿，结果如图 3-104 所示。

图3-101 圆弧体草图

图3-102 圆弧体

图3-103 切削草图

8）圆弧切削。选择前视基准面，绘制如图 3-105 所示的圆弧切削草图。单击 [旋转切除]按钮 ，生成旋转切除特征，如图 3-106 所示。

图3-104 切削圆弧体

图3-105 圆弧切削草图

图3-106 生成旋转切除特征

9）切削支撑架本体。选择上视基准面，绘制如图 3-107 所示的草图；单击 [拉伸切除]按钮 ，设置方向 1 和方向 2 为完全贯穿，结果如图 3-108 所示。

图3-107 绘制草图

图3-108 切削支撑架本体

10）生成拉伸凸台特征。选取如图 3-108 所示的端面，绘制如图 3-109 所示的草图。单击 [拉伸凸台/基体]按钮 ，设置拉伸凸台特征的高度为 1.2mm，结果如图 3-110 所示。

图3-109 绘制草图

图3-110 生成拉伸凸台特征

11）切削支撑圆柱。在右视平面绘制如图 3-111 所示的草图。单击[拉伸切除]按钮 ，设置拉伸切除模式为完全贯穿，结果如图 3-112 所示。

12）镜像特征。单击[镜像]按钮 ，按住 Ctrl 键连续选取凸台、切除特征与前视基准面，进行镜像。

13）切削沟槽。选取图 3-112 中的表面 1，绘制如图 3-113 所示的草图。单击 [拉伸切除]按钮 ，生成拉伸切除特征，如图 3-114 所示。

14）线性阵列。单击 [线性阵列]按钮 ，将沟槽特征进行线性阵列，设置方向 1 距离为 6mm、总数量为 5 个。

15）产生固定扣。在前视基准面中绘制如图 3-115 所示的草图。单击 [拉伸凸台/基体]

按钮，设置拉伸凸台特征模式为两侧对称、总长度为 6mm。

图3-111 绘制草图

图3-112 切削支撑圆柱

图3-113 绘制草图

图3-114 生成拉伸切除特征

16）倒圆。单击[圆角]按钮，将边线倒圆，设置圆角半径为 0.5mm，绘制完成的支撑架形状如图 3-116 所示。

图3-115 绘制草图

图3-116 支撑架形状

3.11 思考练习

1．绘制如图 3-117 所示的手机上盖。

操作提示：

操作步骤为：拉伸凸台、倒圆、抽壳特征、拉伸切除两次、线性阵列、拉伸切除、倒圆。

2．综合运用拉伸、切除、阵列等特征绘制如图 3-118 所示的旋转体。

图3-117 手机上盖

3．综合运用旋转、拉伸、切除等特征绘制如图 3-119 所示的翼。

图3-118 旋转体

图3-119 翼

第 **4** 章

零件建模的放置特征

编辑零件实体是指在不改变基体特征主要形状的前提下，通过放置特征以及编辑放置特征的尺寸来对零件的局部进行修饰的实体建模方法。常见的放置特征、有孔特征、倒角特征、抽壳特征以及拔模特征等。

- 孔特征
- 圆角特征
- 倒角特征
- 拔模特征
- 抽壳特征

4.1 放置特征的基础知识

零件建模的放置特征通常是指由系统提供的或用户定义的一类模板特征，它的特征几何形状是确定的，用户通过改变其尺寸大小，可以得到大小不同的相似几何特征，如打孔特征通过改变孔的直径尺寸，可以得到一系列大小不同的孔。

SOLIWORKS 2018 提供了许多类型的放置特征，如孔特征、倒角特征和抽壳特征等。在零件建模过程中使用放置特征，一般需要用户给系统提供以下几方面信息：

1）放置特征的位置，如孔特征，用户首先需要为系统指定在哪一个平面上打孔，然后需要确定孔在该平面上的定位尺寸。

2）放置特征的尺寸，如孔特征的直径尺寸、倒角特征的半径尺寸和抽壳特征的壁厚等。

下面对常用的放置特征进行介绍。

4.2 孔特征

孔特征是机械设计中的常见特征。SOLIDWORKS 2018 将孔特征分成两种类型：简单直孔和异型孔。

无论是简单直孔还是异型孔，都需要选取孔的放置平面并且标注孔的轴线与其他几何实体之间的相对尺寸，以完成孔的定位。

4.2.1 简单直孔

在进行零件建模中，一般最好是在设计阶段将近结束时再生成孔特征。这样可以避免因疏忽而将材料添加到现有的孔内。此外，如果准备生成不需要其他参数的简单直孔，则选择简单直孔特征，否则可以选择异型孔向导。对于生成简单的直孔而言，简单直孔特征可以提供比异型孔向导更好的性能。

要在模型上插入简单直孔特征，可做如下操作：

1）选择要生成简单直孔特征的平面。

2）选择"插入"→"特征"→"简单直孔"命令。

3）此时出现"孔"属性管理器，并在右面的图形区域中显示生成的孔特征，如图 4-1 所示。

4）在"孔"属性管理器的第一个下拉列表框中选择终止类型。

① "给定深度"：从草图的基准面拉伸特征到特定距离以生成特征。选择该项后，需在下面的 ℓ_{D} 微调框中指定深度。

② "完全贯穿"：从草图的基准面拉伸特征直到贯穿所有现有的几何体。

③ "成形到下一面"：从草图的基准面拉伸特征到下一面，以生成特征（下一面必须在同一零件上）。

④ "成形到一面"：从草图的基准面拉伸特征到所选的曲面，以生成特征。

⑤ "到离指定面指定的距离"：从草图的基准面拉伸特征到距某面或曲面特定距离的位

置，以生成特征。选择该项后，需指定特定面和距离。

⑥"成形到一顶点"：从草图基准面拉伸特征到一个平面，这个平面平行于草图基准面且穿越指定的顶点。

5）在 微调框中键入孔的直径。

图4-1 "孔"属性管理器

6）如果要给特征添加一个拔模，可单击[拔模开关]按钮，然后输入一拔模角度。

7）单击按钮，完成简单直孔特征的生成。

虽然在模型上生成了简单直孔特征，但是上面的操作还不能确定孔在模型面上的位置，还需要进一步对孔进行定位。

要对孔特征进行定位，可做如下操作：

1）在模型或FeatureManager 设计树中右键单击孔特征。

2）在弹出的快捷菜单中选择"编辑草图"命令。

3）单击[智能尺寸]按钮，像标注草图尺寸那样对孔进行尺寸定位，如图4-2所示。此外，还可以在草图中修改孔的直径尺寸。

4）单击[草图绘制]按钮，退出草图编辑状态，则会看到已定位的孔，如图4-3所示。

图4-2 对孔进行尺寸定位

图4-3 定位的孔

此外，如果要更改已经生成的孔深度和终止类型等，可在模型或 FeatureManager 设计树中右键单击此孔特征，然后选择"编辑特征"命令，在出现的"孔"属性管理器中进行必要的修改后单击按钮。

4.2.2 柱形沉头孔

SOLIDWORKS 2018 将机械设计中常用的异型孔集成到了异型孔向导中。用户在创建这些异型孔时，无需翻阅资料，也无需进行复杂的建模，只要通过异型孔向导的指导，输入孔的特征属性，系统就会自动生成各种常用的异型孔。此外，还可以将最常用的孔类型（包括与该孔类型相关的任何特征）添加到向导中，在使用时通过滚动菜单选择。柱形沉头孔的参数如图 4-4 所示。

图4-4 柱形沉头孔

要在模型上插入柱形沉头孔特征，可做如下操作：

1）选择要生成柱形沉头孔特征的平面。

2）单击[特征]控制面板上的[异型孔向导]按钮，或选择"插入"→"特征"→"孔向导"命令。

3）在"孔规格"属性管理器中选择"柱形沉头孔"选项，对柱形沉头孔的参数进行设置，如图 4-5 所示。

图4-5 柱形沉头孔参数设置

4）从参数栏选择与柱形沉头孔连接的紧固件"标准"，如 ISO、Ansi Metric、JIS 等。

5）选择与柱形沉头孔对应紧固件的"类型"，如六角螺栓、六角凹头、六角螺钉。一旦选择了紧固件的螺栓类型，异型孔向导会立即更新对应参数栏中的项目。

6）选择柱形沉头孔对应紧固件的"大小"，如 M5、M8、M64 等。

7）在"终止条件"属性对应的参数中选择孔的终止条件。

①"给定深度":从草图的基准面拉伸特征到特定距离,以生成特征。选择该项后,需在"参数 2"中的文本框中指定孔的深度。

②"完全贯穿":从草图的基准面拉伸特征,直到贯穿所有现有的几何体。

③"成形到下一面":从草图的基准面拉伸特征到下一面,以生成特征(下一面必须在同一零件上)。

④"成形到一面":从草图的基准面拉伸特征到所选的曲面,以生成特征。

⑤"到离指定面指定的距离":从草图的基准面拉伸特征到距某面或曲面特定距离的位置,以生成特征。选择该项后,需指定特定面和距离。

⑥"成形到一顶点":从草图基准面拉伸特征到一个平面,这个平面平行于草图基准面且穿越指定的顶点。

8)在"配合"属性对应的参数中选择配合类型并输入直径。

①"紧密":柱形沉头孔与对应的紧固件配合较紧凑,可以在"参数 2"中的文本框中更改孔的直径。

②"正常":柱形沉头孔与对应的紧固件配合在正常范围内。

③"松弛":柱形沉头孔与对应的紧固件配合较松散。

 注意

当更改孔配合类型时,"参数 2"中的孔直径会适当地增加或减少,用户可以自行修改这些尺寸。

9)在"底端角度"属性对应的文本框中输入底端角度值。

10)在"柱形沉头孔直径"属性对应的文本框中输入孔直径,在"柱形沉头孔深度"属性对应的文本框中输入深度。

11)如果要保存这些设置好的孔,可单击"添加或更新收藏"按钮,在弹出的"添加或更新收藏"对话框(见图4-6)中接受默认的名称或键入新的名称,然后单击"确定"按钮。

图4-6 "添加或更新收藏"对话框

虽然在模型上生成了沉头柱形孔特征,但是上面的操作还不能确定孔在模型面上的位置,还需要进一步对孔进行定位。

要对沉头柱形孔特征进行定位,可做如下操作:

1)在"孔规格"属性管理器中设置好柱形沉头孔的参数,然后单击按钮 位置。

2)系统会弹出"孔位置"对话框,如图 4-7 所示。此时[草图]操控面板上的点按钮 处于被选中状态,鼠标指针变为 形状。

3)单击[点]按钮 ,消除被选中状态。

4)通过鼠标拖动孔中心到适当的位置,此时鼠标指针变为 形状,如图 4-7 所示。

5)单击[智能尺寸]按钮 ,像标注草图尺寸那样对孔进行尺寸定位。

6)单击"孔位置"对话框中的"完成"按钮,完成孔的生成与定位。

如果要生成并放置多个柱形沉头孔（这些孔的参数必须一样），可做如下操作：

1）选择要生成柱形沉头孔特征的平面。

2）单击[特征]控制面板上的[异型孔向导]按钮 🐚，或选择"插入"→"特征"→"孔"→"向导"命令。

图4-7 [孔位置]对话框

3）在"孔规格"属性管理器中设置孔类型和参数。

4）单击按钮 🗑 位置 来显示"孔位置"对话框。

5）单击点按钮 ▫，再单击要生成每个孔的地方。

6）单击[智能尺寸]按钮 ↖，像标注草图尺寸那样对每个孔进行尺寸定位。

7）单击"孔位置"对话框中的"完成"按钮，完成多孔的生成与定位。

4.2.3 锥形沉头孔

锥形沉头孔的参数如图 4-8 所示。要在模型上插入锥形沉头孔特征，可做如下操作：

1）选择要生成锥形沉头孔特征的平面。

2）单击[特征]控制面板上的[异型孔]向导按钮 🐚，或选择"插入"→"特征"→"孔向导"命令。

图4-8 锥形沉头孔

3）在"孔规格"属性管理器中选择"锥形沉头孔"选项 🔧，对锥形沉头孔的参数进行设置，如图 4-9 所示。

4）从参数栏中选择与锥形沉头孔连接的紧固件"标准"，如 ISO、Ansi Metric、JIS 等。

5）选择与锥形沉头孔对应紧固件的"类型"，如六角凹头锥孔头、锥孔平头、锥孔提升头等。

6）选择与锥形沉头孔对应紧固件的"大小"，如 M5、M8、M64 等。

7）在"终止条件"属性的下拉列表框和文本框中选择孔的终止条件和深度（其条件同

柱形沉头孔）。

8）在"孔规格"属性对应的参数中选择配合类型并输入直径。

9）在"底端角度"属性对应的参数文本框中输入底端角度值。

10）在"锥形沉头孔直径"属性对应的文本框中输入孔直径，在"锥形沉头孔角度"对应的文本框中输入角度。

11）设置好"锥形沉头孔"参数后单击按钮 位置。

12）与在 4.2.2 节中定位柱形沉头孔一样，对锥形沉头孔进行定位。

图4-9 锥形沉头孔参数设置

4.2.4 通用孔

通用孔的参数如图 4-10 所示。要在模型上插入通用孔特征，可做如下操作：

图4-10 通用孔

1）选择要生成通用孔特征的平面。

2）单击[特征]控制面板上的[异型孔]向导按钮，或选择"插入"→"特征"→"孔向导"命令。

3）在"孔规格"属性管理器中选择"孔"选项，对通用孔的参数进行设置，如图 4-11 所示。

4）从参数栏中选择与通用孔连接的紧固件"标准"，如 ISO、Ansi Metric、JIS 等。

5）选择"类型"，如暗销孔、螺纹钻孔、螺钉间隙、钻孔大小等。一旦选择了螺栓类型，异型孔向导会立即更新对应参数栏中的项目。

6）选择钻头"大小"，如 M2.5×0.45。

图4-11 通用孔参数设置

7）在"孔类型和深度"属性对应的参数下拉列表框和文本框中设置孔的终止条件。

8）在"底端角度"属性对应的参数文本框中输入底端角度值。

9）设置好孔参数后单击按钮 位置。

10）与定位沉头柱形孔一样，对通用孔进行定位。

4.2.5 螺纹孔

螺纹孔的参数如图 4-12 所示。

图4-12 螺纹孔

要在模型上插入螺纹孔特征，可做如下操作：

1）选择要生成螺纹孔特征的平面。

2）单击[特征]控制面板上的[异型孔向导]按钮，或选择"插入"→"特征"→"孔向导"命令。

3）在"孔规格"属性管理器中选择"直螺纹孔"选项，对螺纹孔的参数进行设置，如图 4-13 所示。

4）从参数栏中选择与螺纹孔连接的紧固件"标准"，如 ISO、DIN 等。

图4-13 螺纹孔参数设置

5）选择"类型"，如螺纹孔和底部螺纹孔。一旦选择了螺栓类型，异型孔向导会立即更新对应参数栏中的项目。

6）在"螺纹孔钻头直径和角度"属性对应的参数文本框中输入钻头直径和角度。

7）在"螺纹类型和深度"属性对应参数下拉列表框和文本框中设置螺纹的类型和深度。

8）如果在"选项"属性对应的参数下拉列表框中选择"装饰螺纹线"，并勾选带螺纹标注，则孔会有螺纹标注和装饰线，但会降低系统的性能。

9）设置好螺纹孔参数后，单击按钮 位置。

10）与定位沉头柱形孔一样，对螺纹孔进行定位。

管螺纹孔的生成与螺纹孔十分相似，这里不再对它做单独的说明，读者可以参见螺纹孔的生成与定位。

4.2.6 旧制孔

使用"孔规格"属性管理器中的"旧制孔"选项卡可以编辑任何在 SOLIDWORKS 2018 之前版本中生成的孔。在该选项卡下，所有信息（包括图形预览）均以原来生成孔时（SOLIDWORKS 2019 之前版本中）的同一格式显示。

如果要编辑 SOLIDWORKS 2018 之前版本中生成的孔，可做如下操作：

1）右键单击 FeatureManager 设计树中的旧制孔，在弹出的快捷菜单中选择"编辑特征"命令。

2）在弹出的"孔规格"属性管理器中选择"旧制孔"选项，其中显示了该旧制孔的所有信息，如图 4-14 所示。

3）在对话框中的"截面尺寸"栏中选择尺寸数值，就可以对其进行修改。

4）如果有必要，可在"终止类型"下拉列表框中重新选择终止条件。

5）单击按钮 位置，即可与定位沉头柱形孔一样，对旧制孔进行定位。

图4-14 旧制孔参数设置

4.2.7 柱孔槽口

柱孔槽口的参数如图 4-15 所示。要在模型上插入柱孔槽口特征，可做如下操作：

1）选择要生成柱孔槽口特征的平面。

2）单击[特征]控制面板上的[异型孔]向导按钮，或选择"插入"→"特征"→"孔向导"命令。

图4-15 柱孔槽口

3）在"孔规格"属性管理器中选择"柱孔槽口"选项 ，对柱孔槽口的参数进行设置，如图 4-16 所示。

4）从参数栏中选择与柱孔槽口连接的紧固件"标准"，如 ISO、Ansi Metric、JIS 等。

5）选择与柱孔槽口对应紧固件的"类型"，如六角螺栓、六角凹头、六角螺钉等。

6）选择与锥形沉头孔对应紧固件的"大小"，如 M5、M8、M64 等。

7）在"终止条件"属性的下拉列表框和文本框中选择孔的终止条件和深度，其条件同柱形沉头孔。

8）在"孔规格"属性对应的参数中选择配合类型并输入槽长度。

9）设置好柱孔槽口孔参数后，单击按钮 位置。

10）与在 4.2.6 节中定位旧制孔一样，对柱孔槽口进行定位。

图4-16 柱孔槽口参数设置

4.2.8 锥孔槽口

锥孔槽口的参数如图 4-17 所示。要在模型上插入锥孔槽口特征，可做如下操作：

1）选择要生成锥孔槽口特征的平面。

2）单击[特征]控制面板上的[异型孔]向导按钮，或选择"插入"→"特征"→"孔向导"命令。

3）在"孔规格"属性管理器中选择"锥孔槽口"选项 ，对锥孔槽口的参数进行设置，如图 4-18 所示。

4）从参数栏中选择与锥孔槽口连接的紧固件"标准"，如 ISO、Ansi Metric、JIS 等。

图4-17 锥孔槽口

5）选择与锥孔槽口对应紧固件的"类型"，如锥孔平头、六角凹头锥孔头、锥孔提升头等。

6）选择与锥形沉头孔对应紧固件的"大小"，如M5、M8、M64等。

7）在"终止条件"属性的下拉列表框和文本框中选择孔的终止条件和深度，其条件同锥形沉头孔。

8）在"孔规格"属性对应的参数中选择配合类型并输入槽长度。

9）设置好锥孔槽口孔参数后，单击按钮 位置。

10）与在4.2.7节中定位柱孔槽口一样，对锥孔槽口进行定位。

图4-18 锥孔槽口参数设置

4.2.9 槽口

槽口的参数如图 4-19 所示。要在模型上插入槽口特征，可做如下操作：

1）选择要生成槽口特征的平面。

2）单击[特征]控制面板上的[异型孔]向导按钮，或选择"插入"→"特征"→"孔向导"命令。

3）在"孔规格"属性管理器中选择"槽口"选项，对槽口的参数进行设置，如图 4-20 所示。

4）从参数栏中选择与槽口连接的紧固件"标准"，如 ISO、Ansi Metric、JIS 等。

5）选择与槽口对应紧固件的"类型"，如暗销孔、螺纹钻孔、螺纹间隙、钻孔大小等。

6）选择钻头"大小"，如 M2.5×0.45。

7）在"终止条件"属性的下拉列表框和文本框中选择孔的终止条件和深度，其条件同锥形沉头孔。

8）在"孔规格"属性对应的参数中选择配合类型并输入槽长度。

图4-19 槽口参数

9）设置好锥孔槽口孔参数后，单击按钮 🔟 位置。

10）与在 4.3.8 节中定位锥孔槽口一样，对锥孔槽口进行定位。

图4-20 槽口参数设置

📖 4.2.10　在基准面上生成孔

以前，SOLIDWORKS 只能在平面上生成孔特征，现在 SOLIDWORKS 2018 可以将异型孔向导调整到非平面，即生成一个与特征成一定角度的孔——在基准面上的孔。要在基准面上生成孔，可做如下操作：

1）选择"插入"→"参考几何体"→"基准面"命令，建立基准面。

2）单击[特征]控制面板上的[异型孔向导]按钮⏏，或选择"插入"→"特征"→"孔"→"向导"命令。

3）在"孔规格"属性管理器中设置异型孔的参数，然后单击按钮 🔟 位置。

4）系统会显示"孔位置"对话框，单击点按钮 ▪ ，消除被选中状态。

5）用鼠标拖动孔的中心到适当的位置，如图 4-21 所示。

6）单击[智能尺寸]按钮 ↖，像标注草图尺寸那样对孔进行尺寸定位。

7）单击"孔位置"对话框中的"完成"按钮，完成孔的生成与定位，如图 4-22 所示。

图4-21 拖动孔的中心到适当的位置

图4-22 孔的生成与定位

4.3 圆角特征

使用圆角特征可以在一个零件上生成一个内圆角或外圆角面。圆角特征在零件设计中起着重要作用。大多数情况下，如果能在零件特征上加入圆角，则有助于造型上的变化，或是产生平滑的效果。SOLIDWORKS 2018 可以为一个面上的所有边线、多个面、多个边线或边线环生成圆角特征。SOLIDWORKS 2018 有以下几种圆角特征：

1）固定尺寸圆角：对所选边线以相同的圆角半径进行圆角操作。

2）多半径圆角：可以为每条边线选择不同的圆角半径值。

3）圆形角圆角：通过控制角部边线之间的过渡，消除或平滑两条边线汇合处的尖锐接合点。

4）逆转圆角：可以在混合曲面之间沿着零件边线进入圆角，生成平滑过渡。

5）变半径圆角：可以为边线的每个顶点指定不同的圆角半径。

6）混合面圆角：可以将不相邻的面混合起来。

图 4-23 所示为几种圆角特征。

等半径圆角　　　　　　多半径圆角　　　　　　圆形角圆角

逆转圆角　　　　　　变半径圆角　　　　　　混合面圆角

图4-23 几种圆角特征的效果

4.3.1 等半径圆角特征

等半径圆角特征是指对所选边线以相同的圆角半径进行倒圆角的操作，要生成等半径圆角特征，可做如下操作：

1）单击[特征]控制面板上的[圆角]按钮，或选择"插入"→"特征"→"圆角"命令。

2）在弹出的"圆角"属性管理器中选择"圆角类型"为"恒定大小圆角"，如图 4-24 所示。

图4-24 "圆角"属性管理器

3) 在"圆角参数"的 ⚲ 微调框中设置圆角的半径。

4) 单击 🔲 图标右边的显示框,然后在右面的图形区域中选择要进行圆角处理的模型边线、面或环。

5) 如果选择了"切线延伸"复选框,则圆角将延伸到与所选面或边线相切的所有面,如图 4-25 所示。

图4-25 切线延伸效果

在"扩展方式"单选按钮组中选择一种扩展方式。

① "默认":系统根据几何条件(进行圆角处理的边线凸起和相邻边线等)选择"保持边线"或"保持曲面"选项。

② "保持边线":系统将保持邻近的直线形边线的完整性。但圆角曲面断裂成分离的曲面,在许多情况下,圆角的顶部边线中会有沉陷,如图 4-26 所示。

③"保持曲面"：使用相邻曲面来剪裁圆角。圆角边线是连续而且光滑的，但是相邻边线会受到影响，如图 4-27 所示。

6）单击按钮 ✔，生成等半径圆角特征。

图4-26 保持边线　　　　　　　　图4-27 保持曲面

4.3.2 多半径圆角特征

使用多半径圆角特征可以为每条所选边线选择不同的半径值，还可以为不具有公共边线的面指定多个半径。

要生成多半径圆角特征，可做如下操作：

1）单击[特征]控制面板上的[圆角]按钮，或选择"插入"→"特征"→"圆角"命令。

2）在出现的"圆角"属性管理器中选择"圆角类型"为"恒定大小圆角"。

3）在"圆角参数"下选择"多半径圆角"复选框。

4）单击图标右边的显示框，然后在右面的图形区域中选择要进行圆角处理的第一条模型边线、面或环。

5）在"圆角项目"的微调框中设置圆角的半径。

6）重复步骤 1）～5），对多条模型边线、面或环分别指定不同的圆角半径，直到设置完所有要进行圆角处理的边线。

7）单击按钮 ✔，生成多半径圆角特征。

4.3.3 圆形角圆角特征

使用圆形角圆角特征可以控制角部边线之间的过渡，圆形角圆角将混合邻接的边线，从而消除或平滑两条边线汇合处的尖锐接合点。图 4-28 所示为使用圆形角圆角特征前后的效果。

未使用圆形角特征　　　　　　　　使用圆形角特征

图4-28 使用圆形角圆角特征前后的效果

要生成圆形角圆角特征，可做如下操作：

1）单击[特征]控制面板上的[圆角]按钮 ⬡，或选择"插入"→"特征"→"圆角"命令。

2）在弹出的"圆角"属性管理器中选择"圆角类型"为"恒定大小圆角"。

3）在"圆角项目"下取消选择"切线延伸"复选框。

4）在"圆角项目"的 ⬈ 微调框中设置圆角的半径。

5）单击 ⬡ 图标右边的显示框，然后在右面的图形区域中选择两个或更多相邻的模型边线、面或环。

6）选中"圆角选项"栏中的"圆形角"复选框。

7）单击按钮 ✔，生成圆形角圆角特征。

📖4.3.4 逆转圆角特征

使用逆转圆角特征可以在混合曲面之间沿着零件边线生成圆角，从而生成平滑过渡。图4-29 所示为使用逆转圆角特征的效果。

要生成逆转圆角特征，可做如下操作：

1）生成一个零件，该零件应该包括边线、相交的和希望混合的顶点。

2）单击[特征]控制面板上的[圆角]按钮 ⬡，或选择"插入"→"特征"→"圆角"命令。

图4-29 使用逆转圆角特征的效果

3）在"圆角类型"栏中保持默认设置"恒定大小圆角"。

4）选择"圆角参数"栏中的"多半径圆角"复选框。

5）取消选择"切线延伸"复选框。

6）单击 ⬡ 图标右边的显示框，然后在右面的图形区域中选择 3 个或更多具有共同顶点的边线。

7）在"逆转参数"栏中的 ⬈ 距离微调框中设置距离。

8）单击 ⬡ 图标右边的显示框，然后在右面的图形区域中选择一个或多个顶点作为逆转顶点。

9）单击"设定所有"按钮，将相等的逆转距离应用到通过每个顶点的所有边线，逆转距离将显示在逆转距离 ⬇ 右面的微调框和图形区域内的标注中，如图 4-30 所示。

10）如果要对每一条边线分别设定不同的逆转距离，则进行如下操作：

①单击 ⬡ 图标右边的显示框，在右面的图形区域中选择多个顶点作为逆转顶点。

②在 ⬈ 微调框中为每一条边线设置逆转距离。

③在 ⬇ 微调框中会显示每条边线的逆转距离。

11）单击按钮 ✔，生成逆转圆角特征。

图4-30 生成逆转圆角特征

4.3.5 变半径圆角特征

变半径圆角特征通过对进行圆角处理的边线上的多个点（变半径控制点）指定不同的圆角半径来生成圆角，可以制造出另类的效果，如图 4-31 所示。

a）有控制点   b）无控制点

图4-31 变半径圆角特征

要生成变半径圆角特征，可做如下操作：

1）单击[特征]控制面板上的[圆角]按钮，或选择"插入"→"特征"→"圆角"命令。

2）在"圆角"属性管理器中选择"圆角类型"为"变量大小圆角"。

3）单击 图标右侧的显示框，然后在右面的图形区域中选择要进行变半径圆角处理的边线。此时，在右面的图形区域中系统会默认使用 3 个变半径控制点，分别位于沿边线的 25％、50％和 75％的等距离处，如图 4-32 所示。

图4-32 默认的变半径控制点

4）在"变半径参数"栏下的 图标右边的显示框中选择变半径控制点，然后在下面的半径 右侧的微调框中输入圆角半径值。

5）如果要更改变半径控制点的位置，可以通过鼠标拖动控制点到新的位置。

6）如果要改变控制点的数量，可以在 图标右侧的微调框中设置控制点的数量。

7）选择过渡类型：

①"平滑过渡"：生成一个圆角，当一个圆角边线与一个邻面结合时，圆角半径从一个半径平滑地变化为另一个半径。

②"直线过渡"：生成一个圆角，圆角半径从一个半径线性地变化成另一个半径，但是不与邻近圆角的边线相结合。

8）单击按钮 ✓，生成变半径圆角特征。

 说 明

如果在生成变半径控制点的过程中，只指定两个顶点的圆角半径值，而不指定中间控制点的半径，则可以生成平滑过渡的变半径圆角特征。

4.3.6 混合面圆角特征

混合面圆角特征用来将不相邻的面混合起来。

要生成混合面圆角特征，可做如下操作：

1）生成具有两个或多个相邻、不连续面的零件。

2）单击[特征]控制面板上的[圆角]按钮 ，或选择"插入"→"特征"→"圆角"命令。

3）在"圆角"属性管理器中选择圆角类型为"面圆角"。

4）在 微调框中设定圆面角半径。

5）选择图形区域中要混合的第一个面或第一组面，所选的面将在第一个 图标右侧的显示框中显示。

6）选择图形区域中要混合的第二个面或第二组面，所选的面将在第二个 图标右侧的显示框中显示，如图 4-33 所示。

图4-33 选择要混合的面

7）选择"切线延伸"复选框，使圆角应用到相切面。

8）如果选择了"圆角参数"栏中的"曲率连续"复选框，则系统会生成一个平滑曲率来解决相邻曲面之间不连续的问题。

9）如果单击"圆角参数"栏中的"辅助点"框，则可以在图形区域中通过在插入圆角的附近插入辅助点来定位插入混合面的位置。

10）单击按钮 ✓，生成混合面圆角特征。

在生成圆角特征时，要注意以下几点：

1）在添加小圆角之前先添加较大圆角。当有多个圆角汇聚于一个顶点时，需先生成较大的圆角。

2）如果要生成具有多个圆角边线及拔模面的铸模零件，在大多数的情况下，应在添加圆角之前添加拔模特征。

3）应该最后添加装饰用的圆角。在大多数其他几何体定位后再尝试添加装饰圆角。如果早早就添加了它们，则系统需要花费很长的时间重建零件。

4）尽量使用一个圆角命令来处理需要相同半径圆角的多条边线，这样会加快零件重建的速度。但是要注意，当改变圆角的半径时，在同一操作中生成的所有圆角都会改变。

此外，还可以通过为圆角设置边界或包络控制线来决定混合面的半径和形状。控制线可以是要生出圆角的零件边线或投影到一个面上的分割线。由于它们的应用非常有限，所以这里不做详细介绍，如果读者有意了解这方面的内容，可查看 SOLIDWORKS 2018 的帮助文件或培训手册。

4.4 倒角特征

在零件设计过程中，通常要对锐利的零件边角进行倒角处理，以防止伤人和便于搬运、装配以及避免应力集中等。此外，有些倒角特征也是机械加工过程中不可缺少的工艺。与圆角特征类似，倒角特征也是对边或角进行倒角。图 4-34 所示为倒角特征的实例。

要在零件模型上生成倒角特征，可做如下操作：

1）单击[特征]控制面板上的[倒角]按钮 ，或选择"插入"→"特征"→"倒角"命令。

图4-34 倒角特征实例

2）在"倒角"属性管理器中选择"倒角类型"：

① "角度距离"：在所选边线上指定距离和倒角角度来生成倒角（见图 4-35）。

② "距离－距离"：在所选边线的两侧分别指定两个距离值来生成倒角（见图 4-36）。

③ "顶点"：在与顶点相交的 3 个边线上分别指定距顶点的距离来生成倒角（见图 4-37）。

图4-35 角度距离　　　　　图4-36 距离距离　　　　　图4-37 顶点

3）单击 图标右侧的显示框，然后在图形区域中选择一实体（边线和面或顶点），如图 4-38 所示。

4）在下面对应的微调框中指定距离或角度值。

5）如果选择"保持特征"复选框，则当应用倒角特征时会保持零件的其他特征，如图 4-39 所示。

6）单击按钮 ，生成倒角特征。

图4-38 选择实体

原始零件

未选择"保持特征"

选择"保持特征"

图4-39 是否保持特征示意图

4.5 抽壳特征

抽壳特征是零件建模中的重要特征，它能使一些复杂工作变得简单化。当在零件上的一个面上应用抽壳工具时，系统会掏空零件的内部，使所选择的面敞开，在剩余的面上生成薄壁特征。如果没有选择模型上的任何面，而直接对实体零件进行抽壳操作，则会生成一个闭合、掏空的模型。通常抽壳时，指定各个表面的厚度相同，也可以对某些表面厚度单独进行指定，这样在抽壳特征完成后，零件各个表面厚度就不相同了。

图 4-40 所示为使用抽壳特征进行零件建模的实例。

图4-40 抽壳特征实例

如果要生成一个等厚度的抽壳特征，可做如下操作：

1）单击[特征]控制面板上的[抽壳]按钮，或选择"插入"→"特征"→"抽壳"命令。

2）在"抽壳"属性管理器中"参数"栏的微调框中指定抽壳的厚度。

3）单击图标右侧的显示框，然后从右面的图形区域中选择一个或多个开口面作为要移除的面。此时在显示框中显示所选的开口面，如图4-41所示。

图4-41 选择要移除的面

4）如果选择了"壳厚朝外"复选框，则会增加零件外部尺寸，从而生成抽壳。

5）单击按钮✔，生成等厚度抽壳特征。

注意

　　如果在步骤3中没有选择开口面，则系统会生成一个闭合、掏空的模型。

如果要生成一个具有多厚度面的抽壳特征，可做如下操作：

1）单击[特征]控制面板上的[抽壳]按钮，或选择"插入"→"特征"→"抽壳"命令。

2）在"抽壳"属性管理器中单击多厚度设定栏中图标右侧的显示框，激活多厚度设定。

3）在图形区域中选择开口面，这些面会在该显示框中显示出来。

4）在显示框中选择开口面，然后在多厚度设定栏中的微调框中输入对应的壁厚。

5）重复步骤4），直到为所有选择的开口面都指定了厚度。

6）如果要使壁厚添加到零件外部，则选择"壳厚朝外"复选框。

7）单击按钮✔，生成多厚度抽壳特征，如图4-42所示。

图4-42 多厚度抽壳（剖视图）

注意

如果想在零件上添加圆角，应当在生成抽壳特征之前对零件进行圆角处理。

4.6 拔模特征

拔模是零件模型上常见的特征，是以指定的角度斜削模型中所选的面。拔模经常应用于铸造零件，由于拔模角度的存在，可以使型腔零件更容易脱出模具。SOLIDWORKS 提供了丰富的拔模功能。用户既可以在现有的零件上插入拔模特征，也可以在拉伸特征的同时进行拔模。本节将主要介绍在现有的零件上插入拔模特征。

下面对与拔模特征有关的术语进行说明。

1）拔模面：选取的零件表面，此面将生成拔模斜度。

2）中性面：在拔模的过程中大小不变的固定面，用于指定拔模角的旋转轴，如果中性面与拔模面相交，则相交处即为旋转轴。

3）拔模方向：用于确定拔模角度的方向。

图 4-43 所示为一个拔模特征的应用实例。

图4-43 拔模特征实例

要在现有的零件上插入拔模特征，从而以特定角度斜削所选的面，可以使用中性面拔模、分型线拔模和阶梯拔模方式。

要使用中性面在模型面上生成一个拔模特征，可做如下操作：

1）单击[特征]控制面板上的[拔模]按钮，或选择"插入"→"特征"→"拔模"命令。

2）在"拔模"属性管理器的"拔模类型"栏中选择"中性面"。

3）在拔模角度栏中的微调框中设定拔模角度。

4）单击"中性面"栏中的显示框，然后在图形区域中选择面或基准面作为中性面，如图 4-44 所示。

5）图形区域中的控标会显示拔模的方向，如果要向相反的方向生成拔模，则单击反向按钮。

6）单击[拔模面]栏中图标右侧的显示框，然后在图形区域中选择拔模面。

7）如果要将拔模面延伸到额外的面，可从"拔模沿面延伸"下拉列表中选择以下选项：

①"沿切面"：将拔模延伸到所有与所选面相切的面。

②"所有面"：对所有从中性面拉伸的面都进行拔模。

133

③ "内部的面"：对所有与中性面相邻的面都进行拔模。

④ "外部的面"：对所有与中性面相邻的外部面都进行拔模。

⑤ "无"：拔模面不进行延伸。

8）单击按钮✔，生成中性面拔模特征。

图4-44 选择中性面

此外，利用分型线拔模可以对分型线周围的曲面进行拔模。要插入分型线拔模特征，可做如下操作：

1）插入一条分割线，分离要拔模的面，或者使用现有的模型边线来分离要拔模的面。

2）单击[特征]控制面板上的[拔模]按钮，或选择"插入"→"特征"→拔模"命令。

3）在"拔模"属性管理器中的"拔模类型"中选择"分型线"。

4）在"拔模角度"栏中的微调框中指定拔模角度。

5）单击拔模方向栏中的显示框，然后在图形区域中选择一条边线或一个面来指示拔模方向。

6）如果要向相反的方向生成拔模，则单击反向按钮。

7）单击"分型线"栏中图标右侧的显示框，在图形区域中选择分型线，如图 4-45 所示。

8）如果要为分型线的每一线段指定不同的拔模方向，可单击"分型线"栏中图标右侧的显示框中的边线名称，然后单击"其他面"按钮。

9）在"拔模沿面延伸"下拉列表框中选择拔模沿面延伸类型。

① "无"：只在所选面上进行拔模。

② "沿切面"：将拔模延伸到所有与所选面相切的面。

10）单击按钮✔，生成分型线拔模特征，效果如图 4-46 所示。

除了中性面拔模和分型线拔模，SOLIDWORKS 还提供了阶梯拔模。阶梯拔模为分型线拔模的变体，它的分型线可以不在同一平面内，如图4-47所示。

图4-45 选择分型线

要插入阶梯拔模特征，可做如下操作：

1）绘制要拔模的零件。

图4-46 分型线拔模效果　　　　　　　图4-47 阶梯拔模中的分型线轮廓

2）建立基准面。

3）生成所需的分型线。这些分型线必须满足以下条件：

①在每个拔模面上至少有一条分型线段与基准面重合。

②其他所有分型线段处于基准面的拔模方向。

③没有分型线段与基准面垂直。

4）单击[特征]控制面板上的[拔模]按钮，或选择"插入"→"特征"→"拔模"命令。

5）在"拔模"属性管理器中的"拔模类型"下拉列表框中选择"阶梯拔模"。

6）如果想使曲面与锥形曲面一样生成，则选择"锥形阶梯"复选框；如果想使曲面垂直于原主要面，则选择"垂直阶梯"复选框。

7）在"拔模角度"栏中的微调框中指定拔模角度。

8）单击"拔模方向"栏中的显示框，然后在图形区域中选择一基准面指示起模方向。

9）如果要向相反的方向生成拔模，则单击反向按钮。

10）单击"分型线"栏中⊖图标右侧的显示框，然后在图形区域中选择分型线，如图4-48所示。

11）如果要为分型线的每一线段指定不同的拔模方向，可在"分型线"栏中⊖图标右侧的显示框中选择边线名称，然后单击"其他面"按钮。

"拔模沿面延伸"下拉列表框中选择拔模沿面延伸类型。

12）单击按钮✔，生成阶梯拔模特征，如图4-49所示。

图4-48 选择分型线　　　　　　　　图4-49 生成阶梯拔模特征

4.7 圆顶特征

对于各种形状的平面，SOLIDWORKS 2018可以根据它们的形状生成对应的圆顶特征。图4-50所示为几个应用圆顶特征的零件实例。

要生成圆顶特征，可做如下操作：

1）在图形区域中选择一个要生成圆顶的基面。

图4-50 圆顶特征实例

2）单击[特征]控制面板上的[圆顶]按钮●，或选择"插入"→"特征"→"圆顶"命令。

3）在弹出的"圆顶"属性管理器（见图4-51）中的"距离"微调框中指定圆顶的高度（高度从所选面的重心开始测量），此时在图形区域中会看到效果的预览图。

4）单击反向按钮，则会生成一个凹陷的圆顶。

5）如果选择了圆形或椭圆形的面，选择"生成椭圆圆顶"复选框则会生成一个半椭圆体形状的圆顶，它的高度等于椭圆的一条半径。

6）单击图标●右侧的"约束点或草图"显示框，可以在图形区域中选择一草图来约束草图的形状以控制圆顶。

7）单击图标➚右侧的"方向"显示框，在图形区域中选择一条边线作为圆顶的方向。

8）单击按钮✔，生成圆顶特征。

图4-51 [圆顶]属性管理器

4.8 训练实例

零件建模的放置特征在零件修饰以及后期设计中有着非常重要的作用。通过SOLIDWORKS 2018 提供的模板特征，可以方便快捷地生成很多利用草绘特征难以完成的模型。本节设计了几个零件实例，并给出了详细的操作步骤。

4.8.1 异型孔特征

本案例利用孔特征进行零件建模，生成如图 4-52 所示的零件。

本案例视频内容："X：\动画演示\第4章\异型孔特征.avi"。

1. 建立新的零件文件

单击[新建]按钮，或选择"文件"→"新建"命令，新建一个零件文件。

2. 生成旋转基体特征。

（1）绘制草图。单击[草图绘制]按钮，新建一张草图即草图 1。默认情况下，新的草图在前视基准面上打开。利用草图绘制工具绘制草图作为旋转特征的轮廓，如图 4-53 所示。

（2）创建基体旋转特征。

1）单击[特征]控制面板上的[旋转凸台/基体]按钮，或选择"插入"→"凸台/基体"→"旋转"命令。

2）在"旋转"属性管理器中设置"旋转类型"为"给定深度"、旋转角度为360°。

3）单击按钮，生成旋转特征，如图 4-54 所示。

3. 创建基准平面

1）选择 FeatureManager 设计树中的上视基准面，然后选择"插入"→"参考几何体"→"基准面"命令，或单击"特征"控制面板中的"参考几何体"工具上的基准面按钮。

2）在"基准面"属性管理器上的微调框中设置偏移距离为25mm。

3）单击按钮，生成基准面 1。

4. 生成基体异型孔特征

（1）绘制草图。

图4-52 异型孔特征　　　　　图4-53 旋转轮廓草图　　　　图4-54 生成的旋转特征

1）选择基准面 1，单击[草图绘制]按钮 ⌐，新建一张草图（即草图 2）。

2）单击[草图]操控面板上的[圆]按钮 ⊙，在基准面 1 上绘制一个以原点为中心、直径为 135mm 的圆。

3）在"圆"属性管理器中选择 "作为构造线"复选框，将该圆作为构造线。

4）单击"直线"按钮 ╱，绘制 3 条通过原点并且成 60°角的直线。

5）在"直线"属性管理器中选择"作为构造线"复选框，将这 3 条直线作为构造线。此时的图形如图 4-55 所示。

 解释：构造线

　　构造线用于协助生成草图实体和几何体。SOLIDWORKS 2018 可以将绘制的直线、圆、曲线等转换为生成模型几何体时使用的构造线。如果已经激活了草图实体的属性管理器，则在属性管理器中选择"作为构造线"复选框。如果没有激活草图实体的属性管理器，则先选择草图实体，然后单击[草图]操控面板上的构造几何线按钮即可将草图实体转换为构造线。

6）单击[退出草图]按钮 ↳，退出草图的绘制。

（2）创建异型孔特征。

1）选择 FeatureManager 设计树上的基准面 1 视图。

2）单击[特征]控制面板上的[异型孔向导]按钮 ，或选择"插入"→"特征"→"孔向导"命令。

3）在"孔规格"属性管理器中选择"柱形沉头孔"选项 ，然后对柱形沉头孔的参数进行设置，如图 4-56 所示。

4）在"孔规格"属性管理器中设置好柱形沉头孔的参数后，单击按钮 位置。

5）系统弹出"孔位置"对话框，此时"草图"操控面板上的点按钮 处于被选中状态，鼠标指针变为 形状。

6）单击"点"按钮 ，再单击基准面上的草图 2 中直线构造线和圆的交点，作为孔的放置位置。

7）单击"孔位置"对话框中的"完成"按钮，完成多孔的生成与定位。

5．保存文件

单击[标准]工具栏中的"保存"按钮 ，或者选择"文件"→"保存"命令。将草图保存，名为"异型孔特征.sldprt"。

至此，该零件就制作完成了，最后效果的剖视图（包括 FeatureManager 设计树）如图 4-57 所示。

图4-55 生成构造线　　　　　　　图4-56 设置柱形沉头孔参数

图4-57 异形孔特征最后的效果

📖 4.8.2　三通管

本案例利用圆角特征进行零件建模，生成如图 4-58 所示的三通管。

本案例视频内容："X：\动画演示\第 4 章\三通管.avi"。

1. 建立新的零件文件

单击[新建]按钮□，或选择"文件"→"新建"命令，新建一个零件文件。

2. 生成基体拉伸特征

（1）绘制草图。

1）在 FeatureManager 设计树中选择上视基准面，然后单击[草图绘制]按钮□，在上视基准面上新建一张草图。

2）利用草图绘制工具绘制草图，将其作为基体拉伸特征的轮廓，如图 4-59 所示。

（2）创建基体拉伸特征。

1）单击[特征]控制面板上的[拉伸基体/凸台]按钮🗔，或选择"插入"→"凸台/基体"→"拉伸"命令。

2）在"凸台-拉伸"属性管理器中设置"终止条件"为"两侧对称"，在🔩微调框中设置拉伸深度为80mm。选择"薄壁特征"复选框，设定薄壁类型为"单向"（即向外拉伸薄壁），设置薄壁的厚度为3mm。

3）单击按钮✔，生成拉伸薄壁特征，如图 4-60 所示。

3. 创建基准平面

1）选择 FeatureManager 设计树上的右视基准面，然后选择"插入"→"参考几何体"→"基准面"命令，或单击[特征]控制面板上的[基准面]按钮🗔。

图4-58 三通管　　　　　　图4-59 绘制草图　　　图4-60 生成的拉伸薄壁特征

2）在"基准面"属性管理器上的🔩微调框中设置等距距离为40mm。

3）单击按钮✔，生成基准面1，如图 4-61 所示。

4. 生成基体拉伸特征

（1）绘制草图。

1）单击[草图绘制]按钮□，在基准面1上打开一张草图。

2）单击[视图（前导）]工具栏[视图定向]中的[正视于]按钮↥，以正视于基准面 1 视图。

3）单击[草图]操控面板上的[圆]按钮⊙，以原点为圆心，绘制一个直径为 26mm 的圆作为凸台轮廓，如图 4-62 所示。

（2）创建基体拉伸特征。

1）单击[特征]控制面板上的[拉伸基体/凸台]按钮🗔，或选择"插入"→"凸台/基体"→"拉伸"命令。

2）在"凸台-拉伸"属性管理器中设置"终止条件"为"成形到下一面"。

3）单击按钮✔，生成凸台拉伸特征。

4）单击等轴测按钮🗇，以等轴测视图观看模型。

5）选择"视图"→"基准面"命令，将基准面 1 隐藏起来。此时的模型如图 4-63 所示。

5．生成基体拉伸切除特征

（1）绘制草图。

1）选择生成的凸台面，单击[草图绘制]按钮⌐，在其上打开一张草图。

2）单击[草图]操控面板上的[圆]按钮⊙，以原点为圆心，绘制一个直径为20mm的圆作为拉伸切除的轮廓，如图4-64所示。

图4-61 生成基准面1　图4-62 绘制凸台轮廓　图4-63 隐藏基准面1后的凸台特征 图4-64 绘制拉伸切除轮廓

（2）创建基体拉伸切除特征。

1）单击[特征]控制面板上的[拉伸切除]按钮▣，或选择"插入"→"切除"→"拉伸"命令。

2）在"切除-拉伸"属性管理器中设置切除的"终止条件"为"给定深度"，设置切除深度为40mm，单击按钮✔，生成切除特征，如图4-65所示。

6．生成基体拉伸特征

（1）绘制草图。

1）选择基体特征的顶面，单击[草图绘制]按钮⌐，在其上打开一张草图。

2）选择圆环的外环，单击[草图]操控面板上的[等距实体]按钮⌐。

3）在"等距实体"属性管理器中设置等距距离为3mm，方向向外。单击按钮✔，生成等距圆环，如图4-66所示。

（2）创建基体拉伸特征。

1）单击[特征]控制面板上的[拉伸基体/凸台]按钮▣，或选择"插入"→"凸台/基体"→"拉伸"命令。

2）设定拉伸深度为5mm，方向向下。选择"薄壁特征"复选框，并设置薄壁厚度为6mm、薄壁的拉伸方向为向内。

3）单击按钮✔，生成薄壁拉伸特征，如图4-67所示。

7．生成其余的基体拉伸特征

仿照步骤6，在模型的另外两个端面生成薄壁特征，特征参数同第一个薄壁特征。此时的模型如图4-68所示。

图4-65 生成切除特征　图4-66 生成等距圆环　图4-67 生成薄壁拉伸特征　图4-68 生成另两个端面上
的薄壁特征

8. 生成圆角特征

1）单击[特征]控制面板上的[圆角]按钮 ⬡，或选择"插入"→"特征"→"圆角"命令。

2）在"圆角"属性管理器中选择"圆角类型"为"恒定大小圆角"，并在 ⟋ 微调框中指定半径值为 2mm。

3）单击 ⬡ 图标右侧的显示框，然后在右面的图形区域中选择要生成圆角特征的 6 条边线，如图 4-69 所示。

4）单击按钮 ✓，生成等半径圆角特征，如图 4-70 所示。

图4-69 选择圆角边线　　　　图4-70 生成的圆角特征

9. 生成其余圆角特征

1）单击[特征]控制面板上的[圆角]按钮 ⬡，或选择"插入"→"特征"→"圆角"命令。

2）在"圆角"属性管理器中选择"圆角类型"为"恒定大小圆角"，并在 ⟋ 微调框中指定圆角的半径为 5mm。

3）单击图标 ⬡ 右侧的显示框，然后在右面的图形区域中选择两圆柱的特征交线作为圆角边线。

4）单击按钮 ✓，生成等半径圆角特征，如图 4-71 所示。

10. 保存文件

单击[标准]工具栏中的"保存"按钮 🖫 或者选择"文件"→"保存"命令，将草图保存，名为"三通管.sldprt"。

至此该零件就制作完成了，最后的效果（包括 FeatureManager 设计树）如图 4-72 所示。

图4-71 生成等半径圆角特征　　　　图4-72 最后的效果

4.8.3 球棒

本案例利用圆顶、拔模特征进行零件建模，生成如图4-73所示的球棒。

本案例视频内容："X：\动画演示\第4章\球棒.avi"。

图4-73 棒球

1. 建立新的零件文件

单击[新建]按钮 ，或选择"文件"→"新建"命令，新建一个零件文件。

2. 生成基体拉伸特征

（1）绘制草图。

1）单击[草图]绘制按钮 ，新建一张草图。选择前视基准面为草图绘制面。

2）单击"草图"操控面板上[圆]按钮 ，绘制一个圆形作为基体拉伸特征的草图轮廓。

3）单击"智能尺寸"按钮 ，标注尺寸，如图4-74所示。

（2）创建拉伸基体特征。

1）单击[特征]控制面板上的[拉伸凸台/基体]按钮 ，或选择"插入"→"凸台/基体"→"拉伸"命令。

2）在"凸台-拉伸"属性管理器中的"方向1"栏中设定拉伸的"终止条件"为"两侧对称"。在 微调框中设置拉伸深度为160mm。

3）单击按钮 ，生成基体拉伸特征，如图4-75所示。

3. 创建基准平面

1）选择FeatureManager设计树上的右视基准面，然后选择"插入"→"参考几何体"→"基准面"命令，或单击[特征]控制面板上的[基准面]按钮 。

图4-74 标注尺寸

图4-75 生成基体拉伸特征

2）在"基准面"属性管理器上的 微调框中设置等距距离为20mm。

3）单击按钮 ，生成分割线所需的基准面1。

4. 生成分割线特征

（1）绘制草图。

1）单击[草图绘制]按钮 ，在基准面1上打开一张草图（即草图2）。

2）单击[视图（前导）]工具栏[视图定向]中的[正视于]按钮 ，以正视于基准面1视图。

3）单击[草图]操控面板上的[直线]按钮 ，在基准面1上绘制一条通过原点的竖直直线。

4）单击等轴测按钮 ，用等轴测视图观看图形，如图4-76所示。

（2）创建分割线。

1）选择"插入"→"曲线"→"分割线"命令。

2）在"分割线"属性管理器中选择"分割类型"为"投影"，单击 图标右侧的显示框，然后在图形区域中选择用于分割圆柱侧面的面，单击 图标右侧的显示框，在图形区域中选择草图2作为投影草图，如图4-77所示。

3）单击按钮 ✓，生成平均分割圆柱的分割线，如图4-78所示。

5. 生成基体拔模特征

1）单击[特征]控制面板上的[拔模]按钮 ，或选择"插入"→"特征"→"拔模"命令。

图4-76 在基准面1上生成草图2

图4-77 [分割线]属性管理器

2）在"拔模"属性管理器的"拔模类型"中选择"中性面"。

3）在 微调框中指定拔模角度为1°。

4）单击"中性面"栏内的显示框，然后单击"FeatureManager设计树"图标 ，打开 FeatureManager设计树。

5）在FeatureManager设计树中选择前视基准面作为中性面。

6）在"拔模"属性管理器中单击"拔模面"栏中 图标右侧的显示框，然后在图形区域中选择圆柱侧面为拔模面。

7）单击按钮 ✓，生成中性面拔模特征。

6. 生成基体拔模特征

1）选择柱形的底端面（为拔模的一端）作为生成圆顶的基面。

2）单击[特征]控制面板上的[圆顶]按钮 ，或选择"插入"→"特征"→"圆顶"命令。

3）在弹出的"圆顶"对话框中指定圆顶的高度为5mm。

4）单击"确定"按钮，生成圆顶特征。

7. 保存文件

单击[标准]工具栏中的"保存"按钮，或者选择"文件"→"保存"命令，将草图保存，名为"球棒.sldprt"。

至此该零件就制作完成了，最后的效果（包括 FeatureManager 设计树）如图 4-79 所示。

图4-78 生成分割线

图4-79 最后的效果

4.9 上机操作

1. 综合运用拉伸、放样、抽壳等特征绘制如图 4-80 所示的水龙头

本案例视频内容："X：\动画演示\第 4 章\上机操作\水龙头.avi"。

图4-80 水龙头

操作提示：

1）新建文件。在"新建文件"对话框中选择零件图标，进入零件图模式。

2）绘制草图 1。选取右视基准面，单击"草图绘制"按钮，进入草图绘制模式，绘制如图 4-81a 所示的平面草图 1。

3）绘制草图 2。选取上视基准面，单击"草图绘制"按钮，进入草图绘制模式，绘制如图 4-81b 所示的平面草图 2。

4）创建基准轴 1。"第一参考"选取上视基准面，"第二参考"选取右视基准面，以两个基准面的交线作为创建的基准轴 1。

5）创建倾斜基准面 1。"第一参考"选取创建的基准轴 1，"第二参考"选取上视基准面，角度为 45°。

6）绘制草图 3。选取创建的倾斜基准面 1，单击"草图绘制"按钮，进入草图绘制模式，绘制如图 4-81c 所示的草图 3。

7）创建基准面 2。"第一参考"选取右视基准面，将其偏移 100mm，作为基准面 2。

8）绘制草图 4。选取创建的基准面 2，单击 ⊏ "草图绘制"按钮，进入草图绘制模式。绘制如图 4-81d 所示的草图 4。

9）放样。单击 "放样凸台/基体"按钮 🐾，依次选取草图 2、3、1、4 作为放样轮廓。生成放样特征，如图 4-82 所示。

a）草图1   b）草图2   c）草图3   d）草图4

图4-81 绘制草图

10）抽壳。选取图 4-82 中的平面 1 和平面 2 作为抽壳平面，设置抽壳厚度为 3mm，生成抽壳特征，如图 4-83 所示。

11）创建基准面 3。"第一参考"选取上视基准面，将其偏移 100mm，作为基准面 3。

12）拉伸凸台。选取创建的基准面 3，单击"拉伸凸台/基体"按钮 🗔，进入草图绘制模式，绘制如图 4-84a 所示的草图 5。拉伸凸台至曲面，如图 4-84b 所示。

13）圆角特征。选择本体与拉伸凸台特征的交线，指定圆角半径为 15mm，生成如图 4-85 所示的圆角特征。

14）拉伸凸台。选取上步生成的凸台表面，单击"拉伸凸台/基体"按钮 🗔，进入草图绘制模式，绘制如图 4-86a 所示的草图 6，拉伸高度为 5mm。

15）拉伸凸台。选取上步生成的凸台表面，单击"拉伸凸台/基体"按钮 🗔，进入草图绘制模式,绘制如图 4-86b 所示的草图 7，拉伸高度为 5mm。

图4-82 生成放样特征   图4-83 生成抽壳特征

a）草图5   b）拉伸凸台

图4-84 拉伸特征   图4-85 生成圆角特征

16）拉伸凸台。选取上步生成的凸台表面，单击"拉伸凸台/基体"按钮 🗔，进入草图绘制模式，绘制如图 4-86c 所示的草图 8；拉伸高度为 30mm，拔模角度 10o。

17）拉伸凸台。选取上步生成的凸台表面，单击"拉伸凸台/基体"按钮 🗔，进入草图绘制模式，绘制如图 4-86d 所示的草图 9；拉伸高度为 30mm。

18）拉伸凸台。选取前视基准面，单击"拉伸凸台/基体"按钮，进入草图绘制模式。绘制如图 4-86e 所示的草图 10，圆的直径为 15 mm，拉伸方向 1 和 2 高度为 20mm，拔模角度 5°。结果如图 4-87 所示。

a）草图6　　b）草图7　　c）草图8　　d）草图9　　e）草图10

图4-86 绘制草图

图4-87 拉伸凸台

19）圆角特征。将上步生成的凸台两侧面倒圆，圆角半径为 5mm。

20）拉伸凸台。选取图 4-82 中的平面 1，单击"拉伸凸台/基体"按钮，进入草图绘制模式，绘制如图 4-88a 所示的草图 11，拉伸高度为 5mm。

21）拉伸凸台。选取上步生成的凸台表面，单击"拉伸凸台/基体"按钮，进入草图绘制模式，绘制如图 4-88b 所示的草图 12，拉伸高度为 5mm。

22）拉伸凸台。选取上步生成的凸台表面，单击"拉伸凸台/基体"按钮，进入草图绘制模式，绘制如图 4-88c 所示的草图 13，拉伸高度为 40mm。

a）草图11　　b）草图12　　c）草图13

图4-88 绘制草图

23）螺旋线与扫描切除。选取上步生成的凸台表面，单击"螺旋线/涡状线"按钮，进入草图绘制模式，绘制直径为 30 mm 的圆，单击 "退出草图"按钮，系统弹出如图 4-89 所示的[螺旋线]属性管理器，设置参数后单击"完成"按钮；选取前视基准面，单击 "草图绘制"按钮，进入草图绘制模式，绘制如图 4-90 所示的草图 14；单击 "扫描切除"按钮，选取草图 14 作为轮廓，选取螺旋线作为路径，生成扫描切除特征，结果如图 4-91 所示。

图4-89　"螺旋线"属性管理器　　　图4-90　截面草图14　　　　图4-91　扫描切除效果

24）拉伸切除。选择零件端面，单击"拉伸切除"按钮 ，进入草图绘制模式。绘制如图 4-92 所示的草图 15。选择类型为"成形到下一面"，进行拉伸切除，结果如图 4-93 所示。

图4-92　草图15　　　　　　　　　　　　　图4-93　拉伸切除

2．绘制如图 4-94 所示的烟灰缸

本案例视频内容："X：\动画演示\第 4 章\上机操作\烟灰缸.avi"。

操作提示：

1）新建文件。在"新建文件"对话框中选择[零件]，单击[确定]按钮。

2）绘制草图。选择前视基准面，在[草图]操控面板中单击"草图绘制"按钮 ，进入草图模式。绘制矩形并标注尺寸，如图 4-95 所示。

3）拉伸凸台。在"特征"控制面板中单击"拉伸凸台/基体"按钮 ，选择类型为"给定深度"，并在总深度栏中输入 30mm，指定拔模角度为 20°以及向外拔模。单击按钮 ，即完成设定。

4）拉伸切除。选择实体表面，单击 "草图绘制"按钮 ，进入草图模式，单击"转换实体引用"按钮 ，选择拉伸凸台外边线转换成实线，单击 "等距实体"按钮 ，将偏移值设定为 10mm。将外边线删除。在"特征"控制面板中单击 "拉伸切除"按钮 ，选择类型为"给定深度"，并在总深度栏中输入 25mm，指定拔模角度为 20°。单击按钮 ，完成设定。

5）圆角特征。按住 Ctrl 键，单击外部 4 条边缘线，在"特征"控制面板中单击"圆角"按钮![icon]，指定圆角半径为 20mm。内部凹槽圆角半径为 10mm，其他部位圆角半径为 5mm，创建圆角特征。

6）拉伸切除。首先指定上视基准面为工作平面，在[草图]操控面板中，单击"草图绘制"按钮![icon]，进入草图模式。单击在[视图（前导）]工具栏[视图定向]中的[正视于]按钮![icon]。在[草图]操控面板中单击按钮![icon]，在底边中心位置绘制半径为 5mm 的圆，使圆心与中点重合。在"特征"控制面板中，单击 "拉伸切除"按钮![icon]，选择类型为"完全贯穿"，进行拉伸切除。

图4-94 烟灰缸

图4-95 绘制草图并标注尺寸

7）建立基准轴。选择模型的内部底面，按住 Ctrl 键并加选原点位置。在参考几何工具栏中单击"基准轴"按钮![icon]，建立基准轴，单击"确定"按钮。

8）圆周阵列。在 FeatureManager 设计树中单击[拉伸切除-2]，按住 Ctrl 键并加选基准轴 1。在"特征"控制面板中单击按钮![icon]。在"圆周阵列"对话框中指定阵列间距为 90°，产生总个数为 4 个。单击按钮![icon]，完成圆角阵列，结果如图 4-96 所示。

9）抽壳特征。选择实体底面作为抽壳时将删除的平面。在特征控制面板中，单击"抽壳"按钮![icon]，指定抽壳的厚度为 2mm。完成设定后单击按钮![icon]，生成抽壳特征，如图 4-97 所示。

图4-96 圆周阵列

图4-97 抽壳特征

4.10 思考练习

1. 绘制如图 4-98 所示的盖板。基体草图尺寸如图 4-99 所示。

图4-98 盖板

图4-99 草图尺寸

2．绘制如图 4-100 所示的转向盘。

3．绘制如图 4-101 所示的手把。草图尺寸如图 4-102 所示，放样形式如图 4-103 所示。

图4-100 转向盘

图4-101 手把

图4-102 草图尺寸

图4-103 放样形式

第 **5** 章

特征操作

　　零件特征生成后，用户可以对特征进行多种操作，如复制、删除及重新定义等。

　　本章将主要介绍特征的压缩与恢复、动态修改特征、特征的复制与删除，以及库特征的生成和编辑。

学　习　要　点

- ◎ 特征重定义
- ◎ 动态修改特征
- ◎ 特征阵列
- ◎ 特征镜像
- ◎ 库特征

5.1 基本概念

在进行特征操作时，必须注意特征之间的上下级关系，即父子关系。通常，创建一个新特征时，不可避免地要参考已有的特征，如选取已有特征表面作为草图绘制平面或参考面，选取已有的特征边线作为标注尺寸参考等，此时便形成了特征之间的父子关系。新生成的特征称为子特征，被参考的已有特征称为父特征。SOLIDWORKS 中特征的父子关系具有以下特点：

1）只能查看父子关系而不能进行编辑。

2）不能将子特征重新排序在其父特征之前。

要查看特征之间的父子关系信息，可做如下操作：

1）在 FeatureManager 设计树或图形区域中右键单击想要查看的父子关系特征。

2）在弹出的快捷菜单中选择"父子关系"命令，系统将弹出"父子关系"对话框（见图 5-1），其中说明了特征的父子关系。

图5-1 父子关系

特征之间父子关系的形成是由于特征在创建过程中对已有特征的参考所致，因而打破了父子关系，也就打破了特征之间的参考关系。

对于有父子关系的特征，用户在进行特征操作时应加倍小心。通常，可以单独删除子特征而父特征不受影响，但是删除父特征时，其所有的子特征也一起被删除。对特征进行压缩操作具有同样的效果，如压缩父特征时，其所有子特征也一起被压缩，而压缩子特征时，父特征不受影响。

5.2 特征重定义

特征重定义是频繁使用的一项功能。一个特征生成后，如果用户发现特征的某些地方不符合要求，通常不必删除特征，而可以通过对特征重新定义来修改特征的参数，如拉伸特征的深度、圆角特征中处理的边线或半径等。

要重新定义特征，可做如下操作：

1）在 FeatureManager 设计树或图形区域中单击一个特征。

2）选择"编辑特征"命令，或右键单击并在弹出的快捷菜单中选择"编辑特征" 命令。

3）根据特征的类型，系统会出现相应的属性管理器。

4）在属性管理器中输入新的值或选项，重新定义该特征。

5）单击按钮 ✔，即可接受特征的重新定义。

5.3 更改特征属性

SOLIDWORKS 中特征的属性包括特征的名称、颜色和压缩状态。压缩会将特征暂时从模型中移除，但并不删除它，通常用于简化模型和生成零件配置文件。

默认情况下，系统在每生成一个特征时，都会给该特征一个名称和一个颜色。通常这些特征名称是按生成的时间升序排列，如拉伸1、拉伸2等。为了使特征的名称与该特征在整个零件建模中的作用和地位相匹配，用户可以自己为特征定义新的名称和颜色。

要编辑特征属性，可做如下操作：

1）在 FeatureManager 设计树或图形区域中选取一个或多个特征。

2）右键单击特征并在弹出的快捷菜单中选择"特征属性"命令。

3）在弹出的"特征属性"对话框（见图5-2）中输入新的名称。

图5-2 [特征属性]对话框

4）如果要压缩该特征，则选择"压缩"复选框。

5）[特征属性]对话框中还会显示该零件的创建者名称、创建时间、修改时间等属性。

6）单击"确定"按钮，完成特征属性的修改。

📖 说 明

如果要同时选取多个特征，可以在选择的同时按住 Ctrl 键。

5.4 特征的压缩与恢复

一个零件结构比较复杂时，其特征数目常常很大，此时进行零件操作会导致系统运行速度较慢。为简化模型显示和加快系统运行速度，可将一些与当前工作无关的特征进行压缩。

当一个特征处在压缩状态时，在操作模型的过程中该特征会暂时从模型中移除，就好像有这个特征一样（但不会被删除掉）。在工作完成后或工作中需要该压缩特征时，可以将该压缩特征再恢复。压缩不仅能使特征不显示，而且可以避免所有可能参与的计算。当大量的细节特征（如倒角、圆角等）被压缩时，模型的重建速度会加快。

SOLIDWORKS 中的任何特征都可以被压缩，要压缩特征，可做如下操作：

1）在 FeatureManager 设计树中选择特征，或在图形区域中选择特征的一个面。

2）选择"编辑"→"压缩"→"此配置"命令。或者在"特征属性"对话框中选择"压缩"复选框。

当一个特征被压缩后，它在图形区域中将会消失（但没有被删除），同时在 FeatureManager 设计树中该特征显示为灰色。

 注意

对于有父子关系的特征，如果压缩父特征，则其所有子特征将一起被压缩，而压缩子特征时，父特征不受影响。

如果要解除压缩特征，可做如下操作：

1）在 FeatureManager 设计树中选择被压缩的特征。

2）选择"编辑"→"解除压缩"→"此配置"命令，或者在"特征属性"对话框中取消选择"压缩"复选框。

如果被压缩的是带有父子关系的多个特征，这时要解压缩它们，可做如下操作：

1）在 FeatureManager 设计树中选择被压缩的父特征。

2）选择"编辑"→"带从属关系解除压缩"命令。

3）所选特征及其所有子特征都被解压缩，并回到模型中去。

5.5 动态修改特征(Instant3D)

Instant3D 使您可以通过拖动控标或标尺来快速生成和修改模型几何体。即动态修改特征是指系统不需要退回编辑特征的位置，直接对特征进行动态修改的命令。动态修改是通过控标移动、旋转和调整拉伸及旋转特征的大小。通过动态修改既可以修改特征，也可以修改草图。下面将分别介绍。

1. 修改草图

下面以法兰盘为例，说明修改草图的动态修改特征的操作步骤。

1）执行命令。单击[特征]控制面板上的[Instant3D]图标 Instant3D，开始动态修改特征操作。

2）选择需要修改的特征。单击 FeatureManager 设计树中的"拉伸 1"，视图中该特征被亮显，如图 5-3 所示。同时，出现该特征的修改控标。

3）修改草图。光标移动直径为 80mm 的控标，屏幕出现标尺，使用屏幕上的标尺可精确测量修改草图，如图 5-4 所示。修改后的草图如图 5-5 所示。

4）退出修改特征。单击[特征]控制面板上的[Instant3D]图标 Instant3D，退出 Instant3D 特征操作。此时图形如图 5-6 所示。

2. 修改特征

下面以法兰盘为例，说明修改特征的动态修改特征的操作步骤。

图5-3 选择特征的图形

图5-4 修改草图

图5-5 修改后的草图

图5-6 修改后的图形

1）单击[特征]控制面板上的[Instant3D]图标，开始动态修改特征操作。

2）选择需要修改的特征。单击 FeatureManager 设计树中的"拉伸 2"，视图中该特征被亮显，如图 5-7 所示。同时，出现该特征的修改控标。

3）通过控标修改特征。拖动距离为 5mm 的修改控标，调整拉伸长度，如图 5-8 所示。

图5-7 选择特征的图形

图5-8 拖动修改控标

4）退出修改特征。单击[特征]控制面板上的[Instant3D]图标，退出 Instant3D 特征操作。此时图形如图 5-9 所示。

图5-9 修改后的图形

5.6 特征的复制与删除

在零件建模过程中，如果有相同的零件特征，用户不必每个都创建，可利用系统提供的特征复制功能进行复制，这样可以节省大量的时间，收到事半功倍之效。

SOLIDWORKS 2018 提供的复制功能不仅可以完成同一个零件模型中的特征复制，而且可以实现不同零件模型之间的特征复制。

如果要将特征在同一个零件模型中复制，可做如下操作：

1）在 FeatureManager 设计树中选择要复制的特征，或在图形区域中选择特征，此时该特征在图形区域中以高亮度显示。

2）按住 Ctrl 键，然后拖动特征到所需的位置上（同一个面或其他的面上）。

3）如果特征具有限制其移动的定位尺寸或几何关系，则系统会出现一个对话框，如图 5-10 所示，询问对该操作的处理。

图5-10 [复制确认]对话框

①单击"删除"按钮，将删除限制特征移动的几何关系和定位尺寸。

②单击"悬空"按钮，将不对尺寸标注、几何关系进行求解。

③单击"取消"按钮，将取消复制操作。

4）如果在步骤 3 中选择了"悬空"按钮，则系统会弹出"重建模型错误"对话框，警告在模型中的尺寸和几何关系已不存在，用户应该重新定义悬空尺寸，如图 5-11 所示。

图5-11 重建模型错误提示

5）要重新定义悬空尺寸，首先在 FeatureManager 设计树中右键单击对应特征的草图，然后在弹出的快捷菜单中选择"编辑草图"命令。

6）此时悬空尺寸将以灰色显示，在尺寸的旁边还有对应的红色控标，如图 5-12 所示。

7）将红色控标拖动到新的附加点。

8）释放鼠标，将尺寸重新附加到新的边线或顶点上，即完成了悬空尺寸的重新定义。

要将特征从一个零件复制到另一个零件上，可做如下操作：

1）选择命令"窗口"→"平铺"，以平铺方式显示多个文件。

2）在一个文件中的 FeatureManager 设计树中选择要复制的特征。

3）选择"编辑"→"复制"命令或单击[标准]工具栏上的[复制]按钮。

4）在另一个文件中选择"编辑"→"粘贴"命令或单击[标准]工具栏上的[粘贴]按钮。

如果要删除模型中的某个特征，可在 FeatureManager 设计树或图形区域中选择该特征，然后按下 Delete 键，或右键单击并在弹出的快捷菜单中选择"删除"命令，系统会在"确认删除"对话框中提出询问，如图 5-13 所示。单击"是"按钮，就可将特征从模型中删除掉了。

图5-12 显示悬空尺寸

图5-13 [确认删除]对话框

 注意

对于有父子关系的特征，如果删除父特征，则其所有子特征将一起被删除，而删除子特征时，父特征不受影响。

5.7 特征阵列

特征阵列用于将任意特征作为原始样本特征，通过指定阵列尺寸产生多个类似的子样本特征。特征阵列完成后，原始样本特征和子样本特征成为一个整体，可将它们作为一个特征进行相关的操作，如删除、修改等。如果修改了原始样本特征，则阵列中的所有子样本特征也随之更新以反映更改。SOLIDWORKS 2018 提供了以下几种阵列方式：

1）线性阵列。

2）圆周阵列。

3）草图阵列。

4）曲线驱动阵列。

5.7.1 线性阵列

线性阵列是指沿一条或两条直线路径生成多个子样本特征。图 5-14 所示为线性阵列的零件模型。

要生成线性阵列，可做如下操作：

1）在 FeatureManager 设计树或图形区域中选择原始样本特征（切除、孔或凸台等）。

2）单击[特征]控制面板上的[线性阵列]按钮，或选择"插入"→"阵列/镜像"→"线性阵列"命令。

图5-14 线性阵列零件模型

3）在"线性阵列"属性管理器中的"要阵列的特征"栏中显示步骤 1 中所选择的特征。如果要选择多个原始样本特征，可在选择特征时按住 Ctrl 键。

 注意

当使用特型特征来生成线性阵列时，所有阵列的特征都必须在相同的面上。

4）在"线性阵列"属性管理器中的"方向 1"栏中单击第一个显示框，然后在图形区域中选择模型的一条边线或尺寸线，指出阵列的第一个方向。所选边线或尺寸线的名称出现在该显示框中。

5）如果图形区域中表示阵列方向的箭头不正确，单击反向按钮 可以翻转阵列方向。

6）在"方向 1"栏中的 微调框中指定阵列特征之间的距离。

7）在"方向 1"栏中的 微调框中指定该方向下阵列的特征数（包括原始样本特征）。此时在图形区域中可以预览阵列的效果，如图 5-15 所示。

8）如果要在另一个方向上同时生成线性阵列，可活"方向 2"项目，然后仿照步骤 1～6 中的操作对第 2 方向的阵列进行设置。

9）如果选中"方向 2"栏中的"只阵列源"复选框，则在第 2 方向中只复制原始样本特征，而不复制方向 1 中生成的其他子样本特征，如图 5-16 所示。

图5-15 ［线性阵列］属性管理器

10）在阵列中如果要跳过某个阵列子样本特征，则激活"可跳过的实例"栏。然后单击图标🔹右侧的显示框，并在图形区域中选择想要跳过的每个阵列特征，这些特征随即显示在该显示框中。图 5-17 所示为可跳过实例的效果。

11）单击按钮✔，生成线性阵列特征。

图5-16 只阵列源与阵列所有特征的效果对比

图5-17 阵列时应用"可跳过实例"

5.7.2 圆周阵列

圆周阵列是指绕一个轴心以圆周路径生成多个子样本特征。图 5-18 所示为圆周阵列的零件模型。

在生成圆周阵列之前，首先要生成一个中心轴（这个轴可以是基准轴或者临时轴）。每一个圆柱和圆锥面都有一条轴线，称为临时轴。临时轴是由模型中的圆柱和圆锥隐含生成的，在图形区域中一般并不可见。在生成圆周阵列时如果需要使用临时轴，选择"视图"→"临时轴"命令就可以显示临时轴了。此时该菜单旁边出现标记"√"表示临时轴可见。

此外，还可以生成的基准轴作为中心轴。

如果要生成基准轴，可做如下操作：

1）单击[特征]控制面板上的[基准轴]按钮✐，或选择"插入"→"参考几何体"→"基准轴"命令。

在弹出的"基准轴"属性管理器（见图 5-19）中的单选按钮组中选择基准轴类型。

①"一直线/边线/轴"✐：选择一条草图直线或模型边线作为基准轴。

②"两平面"✄：选择两个平面，则平面的交线作为基准轴。

③"两点/顶点"✐：选择两个顶点、点或中点，则两点的连线作为基准轴。

④"圆柱/圆锥面"▦：选择一个圆柱或圆锥面，则对应的旋转中心作为基准轴。

⑤"点和面/基准面"🔧：选择一个曲面或基准面和一个顶点、点或中点，则所产生的轴通过所选择的顶点、点或中点并垂直于所选的曲面或基准面。如果曲面为空间曲面，点必须在曲面上。

图5-18 圆周阵列零件模型　　　　　　　　　　　图5-19 [基准轴]属性管理器

在图形区域中选择对应的实体，则该实体出现在"所选项目"显示框中。

2）单击"确定"按钮，关闭"基准轴"对话框。

3）选择"视图"→"基准轴"命令，以查看新的基准轴。

如果要生成圆周阵列，可做如下操作：

1）在 FeatureManager 设计树或图形区域中选择原始样本特征（切除、孔或凸台等）。

2）单击[特征]控制面板上的[圆周阵列]按钮🔄，或选择"插入"→"阵列/镜像"→"圆周阵列"命令。

3）在"圆周阵列"属性管理器中的"要阵列的特征"显示框中显示出步骤 1 中所选择的特征。如果要选择多个原始样本特征，可在选择特征时按住 Ctrl 键。

4）通过"基准轴"命令生成一个中心轴，作为圆周阵列的圆心位置。

5）在"圆周阵列"属性管理器中的"参数"栏下单击第一个显示框，然后在图形区域中选择中心轴，则所选中心轴的名称出现在该显示框中。

6）如果图形区域中阵列的方向不正确，单击反向按钮🔄可以翻转阵列方向。

7）在"参数"栏中的🔄微调框中指定阵列特征之间的角度。

8）在"参数"栏中的❄微调框中指定阵列的特征数（包括原始样本特征）。此时在图形区域中可以预览圆周阵列的效果，如图 5-20 所示。

图5-20 预览圆周阵列效果

9）如果选择了"等间距"复选框，则总角度将默认为 360°，所有的阵列特征会等角度均匀分布。

10）如果选择"几何体阵列"复选框，将只复制原始样本特征而不对它进行求解，这可以加速生成及重建模型的速度。但是如果某些特征的面与零件的其余部分合并在一起，则不能为这些特征生成几何体阵列。

11）单击按钮✔，生成圆周阵列。

📖5.7.3 草图阵列

SOLIDWORKS 2018 还可以根据草图上的草图点来安排特征的阵列。用户只需控制草图上的草图点，就可以将整个阵列扩散到草图中的每个点。

要建立由草图驱动的阵列，可做如下操作：

1）单击[草图绘制]按钮⃞，在零件的面上打开一个草图。

2）登记[草图]操控面板上的[点]按钮▪，绘制驱动阵列的草图点。

3）单击[退出草图]按钮⤶，关闭草图。

4）单击[特征]控制面板上的[草图驱动的阵列]按钮▦，或者选择"插入"→"阵列/镜像"→"草图驱动的阵列"命令。

5）单击 FeatureManager 设计树图标，打开 FeatureManager 设计树。

6）在"由草图驱动的阵列"属性管理器中的"选择"栏下单击图标右侧的显示框，然后在 FeatureManager 设计树中选择驱动阵列的草图，则所选草图的名称出现在该显示框中。

7）在单选按钮组中选择参考点。

①"所选点"：如果选择该单选按钮，则在图形区域中选择参考顶点。可以使用原始样本特征的重心、草图原点、顶点或另一个草图点作为参考点。

②"重心"：如果选择该单选按钮，则使用原始样本特征的重心作为参考点。

8）单击"要阵列的特征"栏中图标右侧的显示框，然后在 FeatureManager 设计树或图形区域中选择要阵列的特征。此时在图形区域中可以预览阵列的效果，如图 5-21 所示。

图5-21 预览阵列效果

9）选择"几何体阵列"复选框，将只复制原始样本特征而不对它进行求解，这可以加速生成及重建模型的速度。但是如果某些特征的面与零件的其余部分合并在一起，则不能为这些特征生成几何体阵列。

10）单击按钮✔，生成草图驱动的阵列。

5.7.4　曲线驱动阵列

SOLIDWORKS 2018 还可以沿平面曲线生成阵列。作为驱动阵列的曲线可以是任何草图线段或模型的轮廓线（必须在同一平面）。

要生成曲线驱动的阵列，可做如下操作：

1）单击[草图绘制]按钮 ，在零件的面上打开一个草图。

2）在零件的面上绘制用来驱动阵列的曲线。

3）单击[退出草图]按钮 ，关闭草图。

4）单击[特征]控制面板上的[曲线驱动的阵列]按钮 ，或选择"插入"→"阵列/镜像"→"曲线驱动的阵列"命令。

5）单击"要阵列的特征"栏中图标 右侧的显示框，然后在 FeatureManager 设计树或图形区域中选择要阵列的特征。

6）在"曲线阵列"属性管理器中的"方向 1"栏下单击第一个显示框，然后在图形区域中选择用来驱动阵列的曲线，则所选曲线的名称出现在该显示框中。

7）如果图形区域中阵列的方向不正确，单击反向按钮 可以翻转阵列方向。

8）在"方向 1"栏中的 微调框中指定阵列特征之间的距离。

9）如果选择"等间距"复选框，则子特征之间的距离保持一致。

10）在"方向 1" 微调框中指定该方向下阵列的特征数（包括原始样本特征）。此时在图形区域中可以预览阵列的效果，如图 5-22 所示。

图5-22 预览阵列效果

11）选择一种"曲线方法"，从而改变作为阵列基础的参考曲线的使用方式。

①"转换曲线"：勾选该单选按钮，所阵列的特征将使用参考曲线的形状。

②"等距曲线"：勾选该单选按钮，所阵列的特征将与参考曲线等距。选择一种"对齐方法"。

③"与曲线相切"：勾选该单选按钮，子特征将与参考曲线的切线方向对齐。

④"对齐到源"：勾选该单选按钮，子特征将与原始样本特征在方向上对齐。

12）如果要在另一个方向上同时生成线性阵列，可激活"方向 2"栏，然后仿照步骤5）～11）中的操作对第2方向的阵列进行设置。

说 明

　　如果选择了"方向 2"复选框而未指定草图元素或边线，将会生成一个隐含阵列。隐含"方向 2"基于为"方向 1"中指定的内容。

13）如果选中"方向2"栏下的"只阵列源"复选框，则在第2方向中只复制原始样本特征，而不复制方向 1中生成的其他子样本特征。

14）在阵列中如果要跳过某个阵列子样本特征可激活"可跳过的实例"栏，然后单击图标 右侧的显示框，并在图形区域中选择想要跳过的每个阵列特征，这些特征随即显示在该显示框中。

15）单击按钮 ，生成曲线驱动阵列。

5.8 特征镜像

如果零件结构是对称的，用户可以只创建一半零件模型，然后使用特征镜像的办法生成整个零件。如果修改了原始特征，则镜像的复制也将更新以反映其变更。图 5-23 所示为运用特征镜像生成的零件模型。

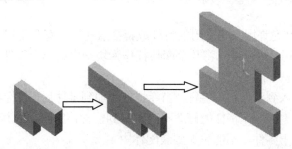

图5-23 特征镜像生成的零件模型

如果要镜像特征，可做如下操作：

1）单击[特征]控制面板上的[镜像]按钮 ，或选择"插入"→ "阵列/镜像"→ "镜像"命令。

2）在"镜像"属性管理器中单击图标 右侧的显示框，然后在图形区域或FeatureManager设计树中选择一个模型面或基准面作为镜像面。

3）单击"要镜像的特征"栏中图标 右侧的显示框，然后在图形区域或FeatureManager设计树中选择要镜像的特征，此时在图形区域中可以预览镜像的效果，如图5-24所示。

4）如果要镜像特征的面，可单击"要镜像的面"栏中图标右侧的显示框，然后在图形区域中选择特征的面做为要镜像的面。

5）如果选择了"几何体阵列"复选框，将仅镜像特征的几何体（面和边线）并不求解整个特征，这样可以加速模型的生成和重建。

图5-24 预览镜像特征效果

6）单击按钮 ✔，完成特征的镜像。

除了镜像特征之外，SOLIDWORKS 2018 还可以对零件进行镜像，即生成新的零件。镜像零件与原始零件完全相反。

要生成新的镜像零件，可做如下操作：

1）打开要镜像的零件，选择一个镜像的面（可以是模型面和基准面）。

2）选择"插入"→"镜像零件"命令，系统将自动打开一个新的零件窗口，并生成新的镜像零件。

5.9　库特征

SOLIDWORKS 2018 允许用户将常用的特征或特征组（如具有公用尺寸的孔或槽等）保存到库中，便于日后使用。用户可以将几个库特征作为块来生成一个零件，这样既可以节省时间，又有助于保持模型中的统一性。

用户可以编辑插入到零件的库特征。当库特征添加到零件后，目标零件与库特征零件就没有关系了。对目标零件中库特征的修改不会影响到包含该库特征的其他零件。

库特征只能应用于零件，不能添加到装配体中。

🛈 注意

大多数类型的特征可以作为库特征使用，但不包括基体特征本身。无法将包含基体特征的库特征添加到已经具有基体特征的零件中。

📖5.9.1　库特征的生成与编辑

如果要生成一个库特征，首先要生成一个基体特征来承载作为库特征的其他特征，也可以将零件中的其他特征保存为库特征。

要生成库特征，可做如下操作：

1）新建一个零件，或打开一个已有的零件。如果是新建的零件，必须首先生成一个基体特征。

2）在基体上生成要包括在库特征中的特征。如果要用尺寸来定位库特征，必须在基体上标注特征的尺寸。

3）在 FeatureManager 设计树中选取作为库特征的特征。如果要同时选取多个特征，则在选择特征的同时按住 Ctrl 键。

4）选择"文件"→"另存为"命令。

5）在"另存为"对话框中选择"保存类型"为"Lib Feat Part（*.sldlfp）"，并输入文件名称，如图 5-25 所示。

6）单击"保存"按钮，生成库特征。

此时，在 FeatureManager 设计树中的零件图标变为库特征图标，如图 5-26 所示。其中库特征包括的每个特征都用字母 L 标记。

在库特征零件文件中（.sldlfp）还可以对库特征进行编辑：

1）如果要添加另一个特征，可右键单击要添加的特征，然后在弹出的快捷菜单中选择"添加到库"命令。

2）如果要从库特征中移除一个特征，可右键单击该特征，然后在弹出的快捷菜单中选择"从库中删除"命令。

图5-25 保存库特征

图5-26 库特征图标

5.9.2 将库特征添加到零件中

在库特征生成后，就要将库特征添加到零件中去。

要将库特征添加到零件中，可做如下操作：

1）打开目标零件（要将库特征插入的零件）。

2）在任务窗格中单击"设计库"标签，此时弹出"设计库"对话框，如图 5-27 所示。

该对话框里是 SOLIDWORKS 2018 安装时预设的库特征，这里选择"文件搜索器"标签📁。

图5-27 ［设计库］与［文件搜索器］对话框

3）浏览到库特征所在目录，从下窗格中选择库特征，然后将它拖动到零件的面上。

4）单击"确定"按钮，即可将库特征添加到目标零件中。

在将库特征插入零件后，可以用下列方法编辑库特征：

1）使用"编辑特征📷"命令或"编辑草图"命令编辑库特征。

2）通过修改定位尺寸，将库特征移动到目标零件上的另一位置。

此外，还可以将库特征分解为该库特征中包含的每个单个特征。只需在 FeatureManager 设计树中右键单击库特征图标，然后在弹出的快捷菜单中选择"解散库特征"命令。则库特征图标被移除，库特征中包含的所有特征都在 FeatureManager 设计树中单独列出。

5.10 训练实例

对零件的特征进行有效的编辑、利用可以事半功倍地完成零件的建模。通过 SOLIDWORKS 2018 提供的特征阵列、特征镜像以及库特征可以方便快捷地生成很多看似复杂的模型。本节介绍了几个零件实例，并给出了详细的操作步骤。

📖 5.10.1 对称件

运用特征阵列和特征镜像进行零件建模，生成如图 5-28 所示的零件。

本案例视频内容："X：\动画演示\第 5 章\对称件.avi"。

1. 建立新的零件文件

图5-28 对称件

单击[新建]按钮□，或选择"文件"→"新建"命令，新建一个零件文件。

2．生成拉伸基体特征

（1）绘制草图。

1）单击[草图绘制]按钮└，新建一张草图。默认情况下，新的草图在前视基准面上打开。

2）单击[草图]操控面板上的[圆]按钮⊙，绘制一个以原点为圆心，直径为80mm的圆作为基体拉伸的草图轮廓，如图5-29所示。

（2）创建拉伸特征。

1）单击[特征]控制面板上的[拉伸凸台/基体]按钮🗊，或选择"插入"→"凸台/基体"→"拉伸"命令。

2）在"凸台-拉伸"属性管理器中设置拉伸的"终止条件"为"给定深度"，深度为50mm。

3）单击按钮✔，生成拉伸特征，如图5-30所示。

3．生成基体拉伸切除特征

（1）绘制草图。

1）选择圆柱的顶面作为新的草图绘制平面。单击[草图绘制]按钮└，打开一张新的草图作为切除特征的草图轮廓。

2）单击[视图（前导）]工具栏的[视图定向]中的[正视于]按钮↓，以正视于该草图平面。

3）单击[草图]操控面板上的[中心线]按钮↗，分别绘制两条通过原点的水平和竖直直线。

4）单击[直线]按钮✎和[圆心/起/终点画弧]按钮⌒，绘制草图轮廓并标注尺寸，如图5-31所示。

5）单击[镜像实体]按钮�🗗，将草图轮廓镜像，生成拉伸切除特征的草图轮廓，如图5-32所示。

图5-29 绘制草图

图5-30 生成拉伸特征

图5-31 绘制草图并标注尺寸

图5-32 镜像草图

（2）创建拉伸切除特征。

1）单击[特征]控制面板上的[拉伸切除]按钮🗊，或者选择"插入"→"切除"→"拉伸"命令。

2）在"切除-拉伸"属性管理器中设定终止条件为"给定深度"、切除深度为20mm。

3）单击按钮✔，生成"切除-拉伸1"特征。

4）单击[等轴测]按钮🗊，用等轴测视图观看图形，如图5-33所示。

4．生成圆周阵列特征

1）选择"视图"→"临时轴"命令，从而显示圆柱的临时轴，以便圆周阵列之用。

2）单击[特征]控制面板上的[圆周阵列]按钮🗗，或选择"插入"→"阵列/镜像"→

"圆周阵列"命令。

3）在"圆周阵列"属性管理器中的"参数"栏内单击第一个显示框，然后在图形区域中选择临时轴作为阵列轴。

4）在✿微调框中指定阵列的特征数为 4。

5）选择"等间距"复选框，则总角度将默认为 360°，所有的阵列特征会等角度地均匀分布。

6）选择"几何体阵列"复选框，从而加速生成及重建模型的速度。

7）单击按钮✔，生成圆周阵列特征，如图 5-34 所示。

5. 生成镜像特征。

1）单击[特征]控制面板上的[镜像]按钮🕀，或选择"插入"→"阵列/镜像"→"镜像"命令。

2）在"镜像"属性管理器中单击图标🔲右侧的显示框，然后在 FeatureManager 设计树中选择前视面作为镜像面。

3）单击"要镜像的特征"栏中图标🔲右侧的显示框，然后在 FeatureManager 设计树中选择"凸台-拉伸 1""切除－拉伸 1""阵列（圆周）1"作为要镜像的特征。

4）单击按钮✔，完成特征的镜像。

6. 保存文件

单击[标准]工具栏中的"保存"按钮🖫，或者选择"文件"→"保存"命令。将草图保存，文件名为"对称件.sldprt"。

至此该零件就制作完成了，最后的效果（包括 FeatureManager 设计树）如图 5-35 所示。

图5-33 生成拉伸切除特征　　　　　图5-34 生成圆周阵列特征

图5-35 最后的效果

5.10.2 摇臂

在零件建模过程中使用特征重定义、特征恢复，生成如图 5-36 所示的摇臂。

本案例视频内容:"X:\动画演示\第 5 章\摇臂.avi"。

图5-36 摇臂

1. 建立新的零件文件
2. 单击[新建]按钮□,或选择"文件"→"新建"命令,新建一个零件文件。
3. 生成基体拉伸特征
(1)绘制草图。
1)单击[草图绘制]按钮└,新建一张草图。默认情况下,新的草图在前视基准面上打开。
2)利用草图绘制工具绘制作为拉伸基体特征轮廓的草图,如图 5-37 所示。

 注意

草图中有一个圆的圆心与原点重合,并且两个圆的圆心处在同一水平线上。

(2)创建基体拉伸特征。
1)单击[特征]控制面板上的[拉伸基体/凸台]按钮◎,或选择"插入"→"凸台/基体"→"拉伸"命令。
2)在"凸台-拉伸"属性管理器中设置"终止条件"为"给定深度",在◎微调框中设置拉伸深度为6mm。
3)单击按钮✔,生成基体拉伸特征,如图 5-38 所示。

4.创建基准平面
1)选择 FeatureManager 设计树上的前视基准面,然后选择"插入"→"参考几何体"→"基准面"命令或单击[特征]控制面板上的[基准面]按钮▥。
2)在"基准面"属性管理器上的◎微调框中设置偏移距离为3mm。
3)单击按钮✔,生成平均分割拉伸特征的基准面 1,如图 5-39 所示。

图5-37 绘制草图　　　图5-38 生成基体拉伸特征　　　图5-39 生成基准面1

5. 生成基体拉伸特征
(1)绘制草图。
1)单击[草图绘制]按钮└,在基准面 1 上打开一张草图。
2)单击[视图(前导)]工具栏[视图定向]中的[正视于]按钮↓,以正视于基准面 1 视图。

3）单击[草图]操控面板上的[圆]按钮 ⊙，以草图 1 中的圆为圆心，绘制两个圆作为凸台轮廓，如图 5-40 所示。

（2）创建基体拉伸特征。

1）单击[特征]控制面板上的[拉伸基体/凸台]按钮 ⑩，或选择"插入"→"凸台/基体"→"拉伸"命令。

2）在"凸台-拉伸"属性管理器中设置"终止条件"为"给定深度"，在 ⬙DI 微调框中设置拉伸深度为 7mm。

3）单击按钮 ✔，生成凸台拉伸特征。

4）在 FeatureManager 设计树中右键单击基准面 1，在弹出的快捷菜单中选择"隐藏"命令，将基准面 1 隐藏起来。

5）单击[等轴测]按钮 ⑩，用等轴测视图观看图形，如图 5-41 所示。从图中可以看出，两个圆形凸台在基体的一侧，而并非对称分布。下面需要对凸台进行重新定义。

图5-40 绘制凸台轮廓

6．编辑拉伸特征

1）在 FeatureManager 设计树中右键单击"凸台-拉伸 2"，在弹出的快捷菜单中选择"编辑特征 ⑩"命令。

2）在"凸台-拉伸"属性管理器中将"终止条件"改为"两侧对称"，在 ⬙DI 微调框中设置拉伸深度为 14mm。

3）单击按钮 ✔，生成凸台拉伸特征的重新定义，如图 5-42 所示。

图5-41 原始的凸台特征

图5-42 重新定义后的凸台特征

7．生成基体拉伸切除特征

（1）绘制草图。

1）选择凸台上的一个面，然后单击[草图绘制]按钮 └，在其上打开一张新的草图。

2）单击[草图]操控面板上的[圆]按钮 ⊙，分别在两个凸台上绘制两个同心圆，并标注尺寸，如图 5-43 所示。

（2）创建拉伸切除特征。

1）单击[特征]控制面板上的[拉伸切除]按钮 ⑩，或选择"插入"→"切除"→"拉伸"命令。

2）设置切除的"终止条件"为"完全贯穿"，单击按钮 ✔，生成切除特征，如图 5-44 所示。

8. 创建键槽孔

下面使用编辑草图的方法对草图重新定义，生成键槽孔。

1) 在 FeatureManager 设计树中右键单击"切除-拉伸1"，在弹出的快捷菜单中选择"编辑草图"命令，打开对应的草图3。

图5-43 绘制同心圆 　　　　　　　　　图5-44 生成切除特征

2) 使用绘图工具对草图3进行修改，如图5-45所示。

3) 单击[草图绘制]按钮 ，退出草图绘制。此时的零件模型如图5-46所示。

4) 在 FeatureManager 设计树中右键单击"切除-拉伸1"，在弹出的快捷菜单中选择"压缩"命令，则该特征被压缩，同时图形中对应的切除特征不可见。再次右键单击"切除-拉伸1"，在弹出的快捷菜单中选择"解除压缩"命令，则回到原来状态。

9. 保存文件

单击[标准]工具栏中的"保存"按钮 ，或者选择"文件"→"保存"命令，将草图保存，文件名为"摇臂.sldprt"。

至此该零件就制作完成了，最后的效果如图5-36所示。

图5-45 修改草图3 　　　　　　　　　图5-46 修改草图3后的零件模型

5.10.3 安装盒

在零件建模过程中使用库特征，生成如图5-47所示的安装盒。

本案例视频内容："X：\动画演示\第5章\安装盒.avi"。

1. 建立新的零件文件

单击[新建]按钮 ，或选择"文件"→"新建"命令，新建一个零件文件。

2. 生成基体拉伸特征

（1）绘制草图。

1) 单击[草图绘制]按钮 ，新建一张草图。默认情况下，新的草图在前视基准面上打开。

2) 单击[草图]操控面板上的[边角矩形]按钮 ，绘制一个矩形作为基体拉伸特征的草图轮廓。尺寸并不重要，因为该基体是用来承载库特征的，所以在库特征中并没有基体特征。

（2）创建拉伸基体特征。

1）单击[特征]控制面板上的[拉伸凸台/基体]按钮🗐，或选择"插入"→"凸台/基体"→"拉伸"命令。

2）在"凸台-拉伸"属性管理器中设置"终止条件"为"给定深度"，在⬚微调框中设置拉伸深度为10mm。

3）单击按钮✔，生成基体拉伸特征。

3．生成基体拉伸特征

（1）绘制草图。

1）选择基体的一个面，然后单击[草图绘制]按钮⌐，打开一张新的草图作为凸台轮廓。

2）单击[多边形]按钮⊙，在草图上绘制一个正六边形并标注尺寸，如图5-48所示。

（2）创建基体拉伸特征。

1）单击[特征]控制面板上的[拉伸凸台/基体]按钮🗐，或选择"插入"→"凸台/基体"→"拉伸"命令。

2）在"凸台-拉伸"属性管理器中设置"终止条件"为"给定深度"，在⬚微调框中设置拉伸深度为20mm。

3）单击按钮✔，生成凸台拉伸特征，如图5-49所示。

图5-47 安装盒

图5-48 绘制凸台轮廓

图5-49 生成凸台拉伸特征

4．生成异型孔特征

1）选择凸台的顶端面作为螺纹孔的平面，然后单击[特征]控制面板上的[异型孔向导]按钮🗐，或选择"插入"→"特征"→"孔向导"命令。

2）在"孔规格"属性管理器中选择"直螺纹孔"选项🗐，对螺纹孔的参数进行设置，如图5-50所示。

3）设置好螺纹孔参数后，单击按钮🗍 位置。

4）单击点按钮▫，消除被选中状态。

5）用鼠标拖动孔的中心到适当的位置，此时鼠标指针变为↘形状。

6）单击"智能尺寸"按钮↖，像标注草图尺寸那样对孔进行尺寸定位，如图5-51所示。

7）单击"孔位置"对话框中的"完成"按钮，完成孔的生成与定位，如图5-52所示。

5．保存文件

单击[标准]工具栏中的"保存"按钮🖫，或者选择"文件"→"保存"命令。将草图保存，文件名为"hole73. sldprt"。

6．创建库特征

1）在FeatureManager设计树中选取"凸台-拉伸2"和"M10螺纹孔1"作为库特征的特征。

2）选择"文件"→"另存为"命令，在弹出的"另存为"对话框中选择"保存类型"为"Lib Feat Part（*.sldlfp）"，将零件保存为"holelib73.sldlfp"，结果如图5-53所示。

图5-50 设置螺纹孔参数　　　　　　　　图5-51 对孔进行尺寸定位

图5-52 完成孔的生成与定位　　　　　　图5-53 插入库特征

7. 利用库特征进行零件模型修改

下面将利用生成的库特征对现有的零件模型进行修改。

1）单击[打开]按钮，打开文件"第5章\ holepart.sldprt"。

2）选择"文件探索器"标签，在出现的"文件探索器"对话框中选择文件 holelib73.SLDLFP，将之拖动到零件的面上，如图5-54所示。单击"确定"按钮，库特征即被插入到目标零件中。

图5-54 库特征被插入到目标零件中

3）在 FeatureManager 设计树中右键单击 "holelib73" 下 "拉伸 2" 下的 "草图 2"，在弹出的快捷菜单中选择 "编辑草图" 命令。

4）单击 "智能尺寸" 按钮 ，为库特征进行定位，如图 5-55 所示。

5）利用特征镜像，生成如图 5-56 所示的零件模型。

6）选择 "文件" → "另存为" 命令，将零件另存为安装盒.sldprt。

图5-55 对库特征进行定位   图5-56 镜像特征后的模型

5.11 上机操作

创建如图 5-57 所示的叶轮。

本案例视频内容："X：\动画演示\第 5 章\上机操作\叶轮.avi"。

操作提示：

1）产生叶轮实体。选择右视基准面，单击 "旋转凸台/基体" 按钮 ，进入草图绘制模式，绘制如图 5-58 所示的草图。生成旋转凸台特征，如图 5-59 所示。

图5-57 叶轮   图5-58 绘制草图   图5-59 生成旋转凸台特征

2）创建基准面 1。"第一参考" 选取前视基准面，偏移距离 100mm。

3）创建叶片。选择基准面 1，单击 "旋转凸台/基体" 按钮 ，进入草图绘制模式。绘制如图 5-60 所示的草图。设置拉伸类型为 "成形到一面"，选取旋转凸台特征，创建叶片，如图 5-61 所示。

图5-60 绘制草图

图5-61 创建叶片

4）切削叶片。选择右视基准面，单击"拉伸切除"按钮 ，进入草图绘制模式，绘制如图 5-62 所示的草图，生成拉伸切除特征，如图 5-63 所示。

图5-62 绘制草图

图5-63 生成拉伸切除特征

5）圆周阵列。单击"圆周阵列"按钮 ，弹出 "阵列（圆周）"属性管理器。设置如图 5-64 所示，将叶片进行圆周阵列，结果如图 5-64 所示。

6）切削叶轮。选取实体底面，单击"拉伸切除"按钮 ，进入草图绘制模式，绘制如图 5-65 所示的草图。设置拉伸切除类型为"完全贯穿"，反侧切除，结果如图 5-66 所示。

图5-64 圆周阵列设置及实体形状

图5-65 绘制草图

图5-66 切削叶轮

7）产生叶轮底座。选取实体底面，单击 📦（拉伸凸台/基体）按钮，进入草图绘制模式。绘制如图 5-67 所示的草图。拉伸凸台高度为 10mm，如图 5-68 所示。

图5-67 绘制草图

图 5-68 拉伸凸台

8）产生中心孔。选取实体顶面，单击"拉伸切除"按钮 🔲，进入草图绘制模式。绘制如图 5-69 所示的草图。设置拉伸切除类型为"完全贯穿"，结果如图 5-70 所示。

图5-69 绘制草图

图5-70 拉伸切除

9）倒圆。圆角半径为 2 mm，选取 4 条棱线，结果如图 5-71 所示。

图5-71 倒圆

5.12 思考练习

1．打开绘制好的液压缸前盖实体图，练习更改特征属性，改变颜色和名称。

2．在打开的实体图中，对各步特征进行压缩，观察图形的变化，再对各步进行恢复，观察图形的变化。

3．在打开的实体图中单击 FeatureManager 设计树中各步特征前的 ▸，激活草图，通过拖动草图实体、改变尺寸、添加几何关系等对草图进行修改。

4．绘制如图 5-72 所示的液压缸前盖。

图5-72 液压缸前盖

第 章

曲线与曲面

随着 SOLIDWORKS 版本的不断更新，其复杂形体的设计功能也在不断加强，但由于增强了曲面造型的灵活运用，故操作起来也更需要技巧。本章将主要介绍曲线和曲面的生成方式以及曲面的编辑。

◎ 曲线的生成
◎ 曲面的生成方式
◎ 曲面编辑

6.1 曲线的生成方式

当用 SOLIDWORKS 设计的飞机螺旋桨发动机展示在 Internet 网站上时，曾经对 SOLIDWORKS 是否具有复杂曲面造型能力的怀疑已不复存在了，人们更关心的是 SOLIDWORKS 在曲面设计上还会给人什么样的惊奇。

由于三维样条曲线的引入，使得三维草图功能显著地提高。用户可以直接控制三维空间的任何一点，以达到控制三维样条的目的，从而直接控制草图的形状。这对于创建绕线电缆和管路设计的用户非常方便。

前面的章节已经介绍了部分曲线的生成方式（如样条曲线、椭圆等），本章将着重介绍三维曲线的生成。

SOLIDWORKS 2018 可以使用下列方法生成多种类型的三维曲线：

1）投影曲线：从草图投影到模型面或曲面上，或从相交的基准面上绘制的线条。

2）通过参考点的曲线：通过模型中定义的点或顶点的样条曲线。

3）通过 XYZ 点的曲线：通过给出空间坐标的点的样条曲线。

4）组合曲线：由曲线、草图几何体和模型边线组合而成的一条曲线。

5）分割线：从草图投影到平面或曲面的曲线。

6）螺旋线和涡状线：通过指定圆形草图、螺距、圈数、高度生成的曲线。

在学习曲线的生成方式之前，首先要了解三维草图的绘制，它是生成空间曲线的基础。

6.2 三维草图的绘制

SOLIDWORKS 可以直接绘制三维草图，绘制的三维草图可以作为扫描路径、扫描引导线、放样路径或放样的中心线等。

要绘制三维草图，可做如下操作：

1）在开始绘制三维草图之前，单击"视图（前导）"工具栏中的"等轴测"图标 ⬢。在该视图下 X、Y、Z 方向均可见，所以更方便生成三维草图。

2）单击"草图"操控面板上的"3D 草图"按钮 🆚，系统默认打开一张三维草图。

3）在"草图"操控面板上选择三维草图绘制工具。这些工具与二维"草图"控制面板中的大多数一样，只是用于在三维草图的绘制。其中，面部曲线工具是三维草图所独有的，该工具用来从面或曲面中抽取三维 iso 参数曲线。

4）在绘制三维草图时，系统会以模型中默认的坐标系进行绘制。如果要改变三维草图的坐标系，可单击所需的草图绘制工具，按住 Ctrl 键，然后单击一个基准面或一个用户自定义的坐标系。

5）在使用三维草图绘制工具在基准面上绘图时，系统会提供一个图形化的助手（即空间控标）帮助保持方向。

6）在空间绘制直线或样条曲线时，空间控标将显示出来，如图 6-1 所示。使用空间控标也可以沿轴的方向进行绘制。如果要更改空间控标的坐标系，按 Tab 键即可。

7）单击"草图"操控面板上的"3D 草图"按钮 🆚，即可关闭三维草图。

除了系统默认的坐标系外，SOLIDWORKS 还允许用户自定义坐标系。此坐标系将同测量、质量特性等工具一起使用。

要建立自定义的坐标系，可做如下操作：

1）单击"特征"控制面板上的"坐标系"按钮或选择"插入"→"参考几何体"→"坐标系"命令。

2）在出现的"坐标系"属性管理器中单击图标右侧的"原点"显示框。然后在零件或装配体中选择一个点或系统默认的原点。实体的名称会显示在"原点"显示框中。

3）在 X、Y、Z 轴的显示框中单击，然后选定以下实体作为所选轴的方向，此时所选的项目在对应的方框中显示，如图 6-2 所示。

可以使用下面实体中的一种作为临时轴：

① "顶点"：临时轴与所选的点对齐。

② "直边线或草图直线"：临时轴与所选的边线或直线平行。

③ "曲线边线或草图实体"：临时轴与选择的实体上所选位置对齐。

④ "平面"：临时轴与所选面的法线方向对齐。

4）如果要反转轴的方向，单击按钮即可。

5）如果在步骤 3 中没有选择轴的方向，则系统会使用默认的方向作为坐标轴的方向。

定义坐标系后，单击按钮，关闭对话框。此时定义的坐标系显示在模型上，如图 6-3 所示。

图6-1 空间控标　　图6-2 "坐标系"属性管理器　　图6-3 自定义的坐标系

6.3 曲线的生成

6.3.1 投影曲线

SOLIDWORKS 有两种方式可以生成投影曲线：一种是利用两个相交基准面上的曲线草图投影生成曲线，另一种是将草图曲线投影到模型面上得到曲线。

首先来介绍利用两个相交基准面上的曲线草图投影生成曲线（见图 6-4）。

1）在两个相交的基准面上各绘制一个草图，这两个草图轮廓所隐含的拉伸曲面必须相交，才能生成投影曲线。完成后关闭每个草图。

2）按住 Ctrl 键选取这两个草图。

3）单击"曲线"工具栏上的"投影曲线"按钮 📦，或选择"插入"→"曲线"→"投影曲线"命令。如果曲线工具栏没有打开，可以选择"视图"→"工具栏"→"曲线"命令将其打开。

相交基准面上的草图

投影生成的曲线

隐含的拉伸曲面

（实际中不可见）

图6-4 投影曲线

4）在"投影曲线"属性管理器中勾选"草图上草图"单选按钮，显示框中显示出要投影的两个草图名称，如图 6-5 所示，同时在图形区域中显示所得到的投影曲线。

5）单击按钮 ✔，生成投影曲线。

此外，SOLIDWORKS 还可以将草图曲线投影到模型面上得到曲线。

1）在基准面或模型面上生成一个包含一条闭环或开环曲线的草图。

2）按住 Ctrl 键，选择草图和所要投影曲线的面。

3）单击"曲线"工具栏上的"投影曲线"按钮 📦，或选择"插入"→"曲线"→"投影曲线"命令。

4）在"投影曲线"属性管理器中勾选"面上草图"单选按钮，显示框中显示出要投影曲线和投影面的名称，如图 6-6 所示，同时在图形区域中显示所得到的投影曲线。如果投影的方向错误，可选择"反转投影"复选框。

5）单击按钮 ✔，生成投影曲线。

图6-5 显示出要投影的两个草图名称

图6-6 显示投影曲线和投影面的名称

6.3.2 三维样条曲线的生成

利用三维样条曲线可以生成任何形状的曲线。SOLIDWORKS 中三维样条曲线的生成方式较多，用户既可以自定义样条曲线通过的点，也可以指定模型中的点作为样条曲线通过的点，还可以利用点坐标文件生成样条曲线。

穿越自定义点的样条曲线经常应用在逆向工程曲线的生成。通常逆向工程是先有一个实体模型，然后由三维向量床 CMM 或以激光扫描仪取得点资料。每个点包含三个数值，分别代表它的空间坐标（X，Y，Z）。

要自定义样条曲线通过的点，可做如下操作：

1）单击"曲线"工具栏上的"通过 XYZ 点的曲线"按钮 $\mathcal{V}$，或选择"插入"→"曲线"→"通过 XYZ 点的曲线"命令。

2）在弹出的"曲线文件"对话框（见图 6-7）中输入自由点的空间坐标，同时在图形区域中可以预览生成的样条曲线。

图6-7 "曲线文件"对话框

3）当在最后一行的单元格中双击时，系统会自动增加一行。如果要在一行的上面再插入一个新的行，只要单击该行，然后单击"插入"按钮即可。

4）如果要保存曲线文件，单击"保存"或"另存为"按钮，然后指定文件的名称（扩展名为.sldcrv）即可。

5）单击"确定"按钮，即可生成三维样条曲线。

除了在"曲线文件"对话框中输入坐标来定义曲线外，SOLIDWORKS 还可以将在文本编辑器、Excel 等应用程序中生成的坐标文件（扩展名为.sldcrv 或.txt）导入到系统，从而生成样条曲线。

坐标文件应该为 X、Y、Z 三列清单，并用制表符（Tab）或空格分隔。

要导入坐标文件以生成样条曲线，可做如下操作：

1）单击"曲线"工具栏上的"通过 XYZ 点的曲线"按钮 $\mathcal{V}$，或选择"插入"→"曲线"→"通过 XYZ 点的曲线"命令。

2）在弹出的"曲线文件"对话框中单击"浏览"按钮来查找坐标文件，然后单击"打开"按钮。

3）坐标文件显示在"曲线文件"对话框中，同时在图形区域中可以预览曲线效果。

4）根据需要编辑坐标，直到满意为止。

5）单击"确定"按钮，生成曲线。

SOLIDWORKS 还可以指定模型中的点作为样条曲线通过的点来生成曲线。

1）单击"曲线"工具栏上的"通过参考点的曲线"按钮，或选择"插入"→"曲线"→"通过参考点的曲线"命令。

2）在"通过参考点的曲线"属性管理器中单击"通过点"栏下的显示框，然后在图形区域按照要生成曲线的次序来选择通过的模型点。此时模型点在该显示框中显示，如图 6-8 所示。

3）如果想要将曲线封闭，可选择"闭环曲线"复选框。

4）单击按钮，生成通过模型点的曲线。

图6-8 "通过参考点的曲线"属性管理器

6.3.3 组合曲线

SOLIDWORKS 可以将多段相互连接的曲线或模型边线组合成为一条曲线。

1）单击"曲线"工具栏上的"组合曲线"按钮，或选择"插入"→"曲线"→"组合曲线"命令。

2）在图形区域中选择要组合的曲线、直线或模型边线（这些线段必须连续），则所选项目将在"组合曲线"属性管理器中的"要连接的实体"栏中的显示框中显示出来，如图 6-9 所示。

3）单击按钮，生成组合曲线。

图6-9 "组合曲线"属性管理器

6.3.4 螺旋线和涡状线

螺旋线和涡状线通常用在绘制螺纹、弹簧、发条等零部件中。图 6-10 所示为这两种曲线的形状。

要生成一条螺旋线，可做如下操作：

1）单击"草图绘制"按钮，打开一个草图并绘制一个圆。此圆的直径控制螺旋线的直径。

2）单击"曲线"工具栏上的"螺旋线"按钮，或选择"插入"→"曲线"→"螺旋线/涡状线"命令。

图6-10 螺旋线(左)和涡状线(右)

3)在出现的"螺旋线/涡状线"属性管理器(见图 6-11)中的"定义方式"下拉列表框中选择一种螺旋线的定义方式。

① "螺距和圈数":指定螺距和圈数。

② "高度和圈数":指定螺旋线的总高度和圈数。

③ "高度和螺距":指定螺旋线的总高度和螺距。

4)根据步骤 3 中指定的螺旋线定义方式指定螺旋线的参数。

5)如果要制作锥形螺旋线,则选择"锥形螺纹线"复选框并指定锥形角度以及锥度方向(向外扩张或向内扩张)。

6)在"起始角度"微调框中指定第一圈的螺旋线的起始角度。

7)如果选择"反向"复选框,则螺旋线将由原来的点向另一个方向延伸。

8)勾选"顺时针"或"逆时针"单选按钮,以决定螺旋线的旋转方向。

9)单击按钮✔,生成螺旋线。

要生成一条涡状线,可做如下操作:

1)单击"草图绘制"按钮▢,打开一个草图并绘制一个圆。此圆的直径作为起点处涡状线的直径。

2)单击"曲线"工具栏上的"螺旋线"按钮⽷,或选择"插入"→"曲线"→"螺旋线/涡状线"命令。

3)在出现的"螺旋线/涡状线"属性管理器中的"定义方式"下拉列表框中选择"涡状线",如图 6-12 所示。

图6-11 "螺旋线/涡状线"属性管理器   图6-12 定义涡状线

4）在对应的"螺距"微调框和"圈数"微调框中指定螺距和圈数。

5）如果选择"反向"复选框，则生成一个内张的涡状线。

6）在"起始角度"微调框中指定涡状线的起始角度。

7）勾选"顺时针"或"逆时针"单选按钮，以决定涡状线的旋转方向。

8）单击按钮 ✔，生成涡状线。

对于分割线的生成，在其他章节中已经做了较为详细的介绍，这里不再赘述。

6.4 曲面的生成方式

曲面是一种可以用来生成实体特征的几何体。SOLIDWORKS 2018 对曲面建模的增强，让世人耳目一新。也许是因为 SOLIDWORKS 以前在实体和参数化设计方面太出色，人们可能会忽略其在曲面建模方面的强大功能。

在 SOLIDWORKS 2018 中建立曲面后，可以用很多方式对曲面进行延伸。用户既可以将曲面延伸到某个已有的曲面，与其缝合或延伸到指定的实体表面；也可以输入固定的延伸长度，或者直接拖动其红色箭头手柄，实时地将边界拖到想要的位置。

另外，对曲面进行修剪时，即可以用实体修剪，也可以用另一个复杂的曲面进行修剪。此外还可以将两个曲面或一个曲面一个实体进行弯曲操作，SOLIDWORKS 2018 将保持其相关性，即当其中一个发生改变时，另一个会同时相应改变。

SOLIDWORKS 2018 可以使用下列方法生成多种类型的曲面：

1）由草图拉伸、旋转、扫描或放样生成曲面。

2）从现有的面或曲面等距生成曲面。

3）从其他应用程序（如 Pro/ENGINEER、MDT、Unigraphics、SolidEdge、Autodesk Inventor 等）导入曲面文件。

4）由多个曲面组合而成曲面。

曲面实体用来描述相连的零厚度的几何体，如单一曲面、圆角曲面等。一个零件中可以有多个曲面实体。SOLIDWORKS 2018 提供了专门的曲面工具栏（见图 6-13）来控制曲面的生成和修改。要打开或关闭"曲面"工具栏，只要选择"视图"→"工具栏"→"曲面"命令即可。

图6-13 "曲面"工具栏

6.4.1 拉伸曲面

要拉伸曲面，可做如下操作：

1）单击"草图绘制"按钮 🗔，打开一个草图并绘制曲面轮廓。

2）单击"曲面"工具栏上的"拉伸曲面"按钮 🦋，或选择"插入"→"曲面"→"拉伸曲面"命令。

3）弹出"曲面-拉伸"属性管理器，如图 6-14 所示。

4）在"方向1"栏中的终止条件下拉列表框中选择拉伸的终止条件：

①"给定深度"：从草图的基准面拉伸曲面到指定的距离平移处以生成特征。

②"成形到一顶点"：从草图基准面拉伸曲面到模型的一个顶点所在的平面以生成特征。这个平面平行于草图基准面且穿越指定的顶点。

图6-14 "曲面-拉伸"属性管理器

③"成形到一面"：从草图的基准面拉伸曲面到所选的曲面以生成特征。

④"到离指定面指定的距离"：从草图的基准面拉伸曲面到距某面或曲面特定距离处以生成特征。

⑤"成形到实体"：从草图的基准面拉伸曲面到所选的实体以生成特征。

⑥"两侧对称"：从草图基准面向两个方向对称拉伸特征。

5）在右面的图形区域中检查预览。单击反向按钮 ，可向另一个方向拉伸。

6）在 微调框中设置拉伸的深度。

7）如果有必要，可选择"方向2"复选框，将拉伸应用到第二个方向。

8）单击按钮 ，完成拉伸曲面的生成。

6.4.2 旋转曲面

要旋转曲面，可做如下操作：

1）单击"草图绘制"按钮 ，打开一个草图并绘制曲面轮廓以及它将绕着旋转的中心线。

2）单击"曲面"工具栏上的"旋转曲面"按钮 ，或选择"插入"→"曲面"→"旋转曲面"命令。

3）弹出"曲面-旋转"属性管理器，同时在右面的图形区域中显示生成的旋转曲面，如图6-15所示。

4）设置旋转类型。相对于草图基准面设定旋转特征的终止条件。如果有必要，可单击反向按钮 来反转旋转方向。有以下选项：

①"给定深度"：从草图以单一方向生成旋转。在方向1角度 微调框中设定由旋转所包容的角度。

图6-15 "曲面-旋转"属性管理器

②"成形到一顶点"：从草图基准面生成旋转到用户在顶点 中所指定的顶点。

③"成形到一面"：从草图基准面生成旋转到在面/基准面 中所指定的曲面。

④"到离指定面指定的距离"：从草图基准面生成旋转到在面/基准面 中所指定曲面的指定等距。在等距距离 微调框中设定等距。必要时，选择反向等距以便以反方向等距移动。

⑤"两侧对称"：从草图基准面以顺时针和逆时针方向生成旋转，此位于旋转方向 1 角度 微调框的中央。

5）在 微调框中指定旋转角度。

6）单击按钮 ✔，生成旋转曲面。

6.4.3 扫描曲面

扫描曲面的方法同扫描特征的生成方法十分类似，也可以通过引导线扫描。扫描曲面中最重要的一点，就是引导线的端点必须贯穿轮廓图元。通常必须建立一个几何关系，强迫引导线贯穿轮廓曲线。要扫描生成曲面，可做如下操作：

1）根据需要建立基准面，并绘制扫描轮廓和扫描路径。如果需要沿引导线扫描曲面，还要绘制引导线。

2）如果要沿引导线扫描曲面，需要在引导线与轮廓之间建立重合或穿透几何关系。

3）单击"曲面"工具栏上的"扫描曲面"按钮 ，或选择"插入"→"曲面"→"扫描曲面"命令。

4）在"曲面－扫描"属性管理器中单击图标 （最上面的）右侧的显示框，然后在图形区域中选择轮廓草图，则所选草图出现在该框中。

5）单击图标 右侧的显示框，然后在图形区域中选择路径草图，则所选路径草图出现在该框中。此时，在图形区域中可以预览扫描曲面的效果，如图 6-16 所示。

6）在"轮廓方位和轮廓扭转"下拉列表框中选择以下选项：

①"随路径变化"：草图轮廓随着路径的变化变换方向，其法线与路径相切。

②"保持法向不变"：草图轮廓保持法线方向不变。

③"随路径和第一条引导线变化"：如果引导线不只一条，选择该项将使扫描随第一条引导线变化。

④ "随第一条和第二条引导线变化"：如果引导线不只一条，选择该项将使扫描随第一条和第二条引导线同时变化。

7）如果需要沿引导线扫描曲面，则激活"引导线"栏，然后在图形区域中选择引导线。

8）单击按钮 ✔，生成扫描曲面。

图6-16 预览扫描曲面效果

6.4.4 放样曲面

放样曲面是通过曲线之间进行过渡而生成曲面的方法。要放样曲面，可做如下操作：

1）在一个基准面上绘制放样的轮廓。

2）建立另一个基准面，并在上面绘制另一个放样轮廓。这两个基准面不一定平行。

3）如果有必要，还可以生成引导线来控制放样曲面的形状。

4）单击"曲面"工具栏上的"放样曲面"按钮 ⬇，或选择"插入"→"曲面"→"放样曲面"命令。

5）在"曲面-放样"属性管理器中单击图标 ♋ 右侧的显示框，然后在图形区域中按顺序选择轮廓草图，则所选草图出现在该框中。在右面的图形区域中显示出生成的放样曲面，如图 6-17 所示。

6）单击上移按钮 ⬆ 或下移按钮 ⬇ 来改变轮廓的顺序。此项操作只针对两个轮廓以上的放样特征。

7）如果要在放样的开始和结束处控制相切，则设置"起始处/结束处相切"选项。

① "无"：不应用相切。

② "垂直于轮廓"：放样在起始处和终止处与轮廓的草图基准面垂直。

③ "方向向量"：放样与所选的边线或轴相切，或与所选基准面的法线相切。

图6-17 "曲面-放样"属性管理器

8）如果要使用引导线控制放样曲面，可在"引导线"一栏中单击 图标右侧的显示框，然后在图形区域中选择引导线。

9）单击按钮 ，生成放样曲面。

6.4.5 等距曲面

对于已经存在的曲面（不论是模型的轮廓面还是生成的曲面），都可以像等距曲线一样生成等距曲面。要生成等距曲面，可做如下操作：

1）单击"曲面"工具栏上的"等距曲面"按钮 ，或选择"插入"→"曲面"→"等距曲面"命令。

2）在"等距曲面"属性管理器中单击图标 右侧的显示框，然后在右面的图形区域中选择要等距的模型面或生成的曲面。

3）在"等距参数"栏中的微调框中指定等距面之间的距离。此时在右面的图形区域中显示出等距曲面的效果，如图 6-18 所示。

图6-18 等距曲面效果

4）如果等距面的方向有误，可单击反向按钮⬀，反转等距方向。

5）单击按钮✔，完成等距曲面的生成。

6.4.6　延展曲面

用户可以通过延展分割线、边线，并平行于所选基准面来生成曲面，如图 6-19 所示。延伸曲面在拆模时最常用。在进行零件模塑之前，必须先生成模块与分型面，延展曲面就是用来生成分型面的。

要延展曲面，可做如下操作：

1）单击"曲面"工具栏上的"延展曲面"按钮⬙，或选择"插入"→"曲面"→"延展曲面"命令。

2）在"延展曲面"属性管理器中单击图标⬙右侧的显示框，然后在右面的图形区域中选择要延展的边线。

3）单击"延展参数"栏中的第一个显示框，然后在图形区域中选择模型面与延展曲面方向，如图 6-20 所示。延展方向将平行于模型面。

4）注意图形区域中的箭头方向（指示延展方向），如果有错误，可单击反向按钮⬀。

5）在⬀图标右侧的微调框中指定曲面的宽度。

6）如果希望曲面继续沿零件的切面延伸，则选择"沿切面延伸"复选框。

7）单击按钮✔，完成曲面的延展，结果如图 6-21 所示。

图6-19　延展曲面效果　　　　图6-20　延展曲面　　　　图6-21　延展曲面

6.5　曲面编辑

6.5.1　缝合曲面

缝合曲面最为实用的场合就是在 CAM 系统中建立三维曲面铣削刀具路径。由于缝合曲面可以将两个或多个曲面组合成一个，刀具路径容易最佳化，减少多余的提刀动作。要缝合的曲面的边线必须相邻并且不重叠。

要将多个曲面缝合为一个曲面，可做如下操作：

1）单击"曲面"工具栏上的"缝合曲面"按钮⬚，或选择"插入"→"曲面"→"缝合曲面"命令。

2）在"缝合曲面"属性管理器中单击"选择"栏中图标⬙右侧的显示框，然后在图形区域中选择要缝合的面。所选项目列举在该显示框中，如图6-22所示。

　　3）单击按钮 ✓，完成曲面的缝合。缝合后的曲面外观没有任何变化，但是多个曲面可以作为一个实体来选择和操作。

图6-22 缝合曲面

📖6.5.2 延伸曲面

　　延伸曲面可以在现有曲面的边缘，沿着切线方向，以直线或随曲面的弧度生成附加的曲面。要延伸曲面，可做如下操作：

　　1）单击"曲面"工具栏上的"延伸曲面"按钮 ，或选择"插入"→"曲面"→"延伸曲面"命令。

　　2）在"延伸曲面"属性管理器中单击"拉伸的边线/面"栏中的第一个显示框，然后在右面的图形区域中选择曲面边线或曲面。此时被选项目出现在该显示框中，如图6-23所示。

　　3）在"终止条件"一栏中的单选按钮组中选择一种延伸结束条件。

　　①"距离"：在 ⁂微调框中指定延伸曲面的距离。

　　②"成形到某一点"：延伸曲面到图形区域中选择的某一点。

　　③"成形到某一面"：延伸曲面到图形区域中选择的面。

图6-23 "延伸曲面"属性管理器

　　4）在"延伸类型"一栏的单选按钮组中选择延伸类型。

　　①"同一曲面"：沿曲面的几何体延伸曲面，如图6-24a所示。

　　②"线性"：沿边线相切于原来曲面来延伸曲面，如图6-24b所示。

5）单击按钮✔，完成曲面的延伸。如果在步骤 2）中选择的是曲面的边线，则系统会延伸这些边线形成的曲面；如果选择的是曲面，则曲面上所有的边线相等地延伸整个曲面。

　　　a）延伸类型为"同一曲面"　　　　　　　b）延伸类型为"线性"

图6-24 延伸类型

6.5.3 剪裁曲面

剪裁曲面主要有两种方式，第一种是将两个曲面互相剪裁，第二种是以线性图元修剪曲面。要剪裁曲面，可做如下操作：

1）单击"曲面"工具栏上的"剪裁曲面"按钮，或选择"插入"→"曲面"→"剪裁曲面"命令。

2）在"剪裁曲面"属性管理器中的"剪裁类型"单选按钮组中选择剪裁类型。

①"标准"：使用曲面作为剪裁工具，在曲面相交处剪裁其他曲面。

②"相互"：将两个曲面作为互相剪裁的工具。

3）如果在步骤2）中选择了"标准"，则在"选择"栏中单击"剪裁工具"项目中图标右侧的显示框，然后在图形区域中选择一个曲面作为剪裁工具；单击"保留部分"项目中图标右侧的显示框，然后在图形区域中选择曲面作为保留部分，所选项目会在对应的显示框中显示，如图 6-25 所示。

图6-25 "剪裁曲面"属性管理器

4）如果在步骤3）中选择了"相互"，则在"选择"栏中单击"曲面"项目中图标右侧的显示框，然后在图形区域中选择作为剪裁曲面的至少两个相交曲面；单击"保留部分"项目中图标右侧的显示框，然后在图形区域中选择需要的区域作为保留部分（可以是多个部分），所选项目会在对应的显示框中显示，如图 6-26 所示。

5）单击按钮 ✔️，完成曲面的剪裁，如图 6-27 所示。

图6-26 剪裁类型为"相互"剪裁

图6-27 剪裁效果

6.5.4 移动/复制/旋转曲面

用户可以像对拉伸特征、旋转特征那样对曲面特征进行移动、复制、旋转等操作。

要移动/复制曲面，可做如下操作：

1）选择"插入"→"曲面"→"移动/复制"命令。

2）在"移动/复制实体"属性管理器中单击"要移动/复制的实体"栏中图标右侧的显示框，然后在图形区域或 FeatureManager 设计树中选择要移动/复制的曲面。

3）如果要复制曲面，则选择"复制"复选框，然后在 ⬜# 微调框中指定复制的数目。

4）单击"平移"栏中图标⬜右侧的显示框，然后在图形区域中选择一条边线来定义平移方向。或者在图形区域中选择两个顶点来定义曲面移动或复制体之间的方向和距离。

5）也可以在 **ΔX、ΔY、ΔZ** 微调框中指定移动的距离或复制体之间的距离。此时在右面的图形区域中可以预览曲面移动或复制的效果，如图 6-28 所示。

6）单击按钮 ✔️，完成曲面的移动/复制。

此外，还可以旋转/复制曲面，此时可做如下操作：

1）选择"插入"→"曲面"→"移动/复制"命令。

图6-28 "移动/复制实体"属性管理器

2）在"移动/复制实体"属性管理器中单击"要移动/复制的实体"栏中图标 右侧的显示框，然后在图形区域或 FeatureManager 设计树中选择要旋转/复制的曲面。

3）如果要复制曲面，则选择"复制"复选框，然后在 微调框中指定复制的数目。

4）激活"旋转"选项，单击图标 右侧的显示框，在图形区域中选择一条边线定义旋转方向。

5）或者在 、 、 微调框中指定原点在 X 轴、Y 轴、Z 轴方向移动的距离，然后在 、 、 微调框中指定曲面绕 X、Y、Z 轴旋转的角度。此时在右面的图形区域中可以预览曲面复制/旋转的效果，如图 6-29 所示。

6）单击按钮 ，完成曲面的旋转/复制。

图6-29 旋转曲面

6.5.5 删除曲面

用户可以从曲面实体中删除一个面，并能对实体中的面进行删除和自动修补。

要从曲面实体中删除一个曲面，可做如下操作：

1）单击"曲面"工具栏上"删除面"按钮 ，或选择"插入"→"面"→"删除"命令。

2）在"删除面"属性管理器中单击"选择"栏中图标 右侧的显示框，然后在图形区域或 FeatureManager 设计树中选择要删除的面。此时，要删除的曲面在该显示框中显示，如图 6-30 所示。

图6-30 "删除面"属性管理器

3）如果勾选"删除"单选按钮，将删除所选的曲面；如果勾选"删除并修补"单选按钮，则在删除曲面的同时，对删除曲面后的曲面进行自动修补；如果勾选"删除并填补"单选按钮，则在删除曲面的同时，对删除曲面后的曲面进行自动填充。

4）单击按钮✔，完成曲面的删除。

6.5.6 曲面切除

SOLIDWORKS 还可以利用曲面来完成对实体的切除。

1）选择"插入"→"切除"→"使用曲面"命令，弹出"使用曲面切除"属性管理器。

2）在图形区域或 FeatureManager 设计树中选择切除要使用的曲面，所选曲面出现在"曲面切除参数"栏的显示框中，如图 6-31 所示。

图6-31 "使用曲面切除"属性管理器

3）图形区域中箭头指示实体切除的方向。如果有必要，可单击反向按钮↗改变切除方向。

4）单击按钮✔，则实体被切除，如图 6-32 所示。

5）使用剪裁曲面工具✂对曲面进行剪裁，得到实体切除效果，如图 6-33 所示。

除了这几种常用的曲面编辑方法，还有圆角曲面、加厚曲面和填充曲面等多种编辑方法。它们的操作大多与特征的编辑类似。

图6-32 切除效果

图6-33 剪裁后的效果

6.6 训练实例

6.6.1 螺栓

利用螺旋线和扫描切除特征，生成如图 6-34 所示的螺栓。

本案例视频内容："X：\动画演示\第 6 章\螺栓.avi"。

1. 建立新的零件文件

单击"新建"按钮🗋，或选择"文件"→"新建"命令，新建一个零件文件。

2. 生成拉伸基体特征

（1）绘制草图。

1）单击"草图绘制"按钮 🖵 ，新建一张草图。默认情况下，新的草图在前视基准面上打开。

2）单击"草图"操控面板上的"圆"按钮 ⊙ 。

3）将鼠标指针移动到原点处，当鼠标指针变为 🖉 形状时单击，绘制一个以原点为圆心的圆。

4）单击"智能尺寸"按钮 ✦ ，标注圆的尺寸如图 6-35 所示。

（2）创建拉伸特征。

1）单击"特征"控制面板上的"拉伸凸台/基体"按钮 🛍 ，或选择"插入"→"凸台/基体"→"拉伸"命令。

2）在"方向 1"栏中设定拉伸的终止条件为"给定深度"，在 🔁 微调框中设置拉伸深度为 50mm。

3）单击按钮 ✔ ，生成拉伸特征，如图 6-36 所示。

图6-34 螺栓

图6-35 拉伸草图轮廓

图6-36 拉伸特征

3. 生成拉伸基体特征

（1）绘制草图。

1）在 FeatureManager 设计树中选择前视基准面作为基准面，然后单击"草图绘制"按钮 🖵 ，在其上再打开一张草图。

2）单击"多边形"按钮 ⊙ ，绘制一个以原点为中心、作为凸台轮廓的正六边形并标注尺寸，如图 6-37 所示。

（2）创建拉伸特征。

1）单击"特征"控制面板上的"拉伸凸台/基体"按钮 🛍 ，或选择"插入"→"凸台/基体"→"拉伸"命令。

2）在"方向 1"中设定拉伸的终止条件为"给定深度"，在 🔁 微调框中设置拉伸深度为8mm。

3）单击反向按钮 ⤵ ，反转拉伸方向。

4）单击按钮 ✔ ，生成凸台拉伸特征，如图 6-38 所示。

4. 生成基体扫描特征

（1）绘制螺旋线草图。

1）单击圆柱的一个端面，再单击"草图绘制"按钮 🖵 ，在其上打开一张新的草图。

2）绘制以原点为圆心、直径为 20mm 的圆作为控制螺旋线基圆，如图 6-39 所示。

3）单击"曲线"工具栏上的"螺旋线/涡状线"按钮 ᗥ ，或选择"插入"→"曲线"→

"螺旋线/涡状线"命令。

图6-37 绘制凸台轮廓　　　　　　　　　图6-38 凸台特征

4）在弹出的"螺旋线/涡状线"属性管理器中定义螺旋线，如图 6-40 所示。

5）单击按钮 ✔，生成螺旋线，如图 6-41 所示。

（2）绘制截面草图。

1）在 FeatureManager 设计树中选择右视基准面，单击"草图绘制"按钮 ⎣，在右视基准面上打开一张草图。

2）单击"前导视图"工具栏上的"正视于"按钮 ↥，以正视于右视基准面。

3）绘制切除扫描的轮廓草图并标注尺寸，如图 6-42 所示。

4）单击"等轴测按"钮 ▣，用等轴测视图观看图形。

（3）创建扫描特征。

1）选择"插入"→"切除"→"扫描"命令，弹出"切除-扫描"属性管理器。

2）单击图标 ⌒⁰（第 1 个图标）右侧的显示框，然后在图形区域中选择绘制的梯形作为轮廓草图。

图6-39 螺旋线基圆　　　　　　　图6-40 "螺旋线/涡状线"属性管理器

图6-41 生成螺旋线　　　　　　　图6-42 绘制切除扫描轮廓

3）单击图标 ⌒ 右侧的显示框，然后在图形区域中选择螺旋线作为路径草图。

4）单击按钮 ✔，生成扫描特征。

5．保存文件

单击标准工具栏中的"保存"按钮 🖫，或者选择"文件"→"保存"命令，将草图保存，名为螺栓.sldprt。

至此该零件就制作完成了，最后的效果如图 6-43 所示。

图6-43 最后的效果

📖 6.6.2 扇叶

运用三维曲线工具放样特征和圆周阵列进行零件建模，生成如图 6-44 所示的扇叶。

本案例视频内容："X：\动画演示\第 6 章\扇叶.avi"。

1．建立新的零件文件

单击"新建"按钮 🗋，或选择"文件"→"新建"命令，新建一个零件文件。

2．生成基体拉伸特征

（1）绘制草图。

1）单击"草图绘制"按钮 🖵，新建一张草图。在默认情况下，新的草图在前视基准面上打开。

2）单击"草图"操控面板上的"圆"按钮 ⊙。

3）将鼠标指针移动到原点处，当鼠标指针变为 🖉 形状时，单击鼠标绘制一个以原点为圆心的圆。

4）单击"智能尺寸"按钮 ⊘，标注圆的尺寸，如图 6-45 所示。

（2）创建拉伸特征。

1）单击"特征"控制面板上的"拉伸凸台/基体"按钮 🖚，或选择"插入"→"凸台/基体"→"拉伸"命令。

2）在"方向 1"中设定拉伸的终止条件为"给定深度"，在 ⬚ 微调框中设置拉伸深度为22mm。

3）单击按钮 ✔，生成拉伸特征，如图 6-46 所示。

3．生成基体拉伸特征

（1）绘制草图 1。

1）在 FeatureManager 设计树中选择右视基准面，单击"草图绘制"按钮 ⌐，在右视基准面上打开一张草图。

图6-44 扇叶

图6-45 绘制草图

图6-46 生成拉伸特征

2）单击"视图（前导）"工具栏"视图定向"中的"正视于" 按钮 ⊥，以正视于右视基准面。

3）单击"草图"操控面板上的"样条曲线"按钮 ∧，绘制第一个放样轮廓，如图 6-47 所示。

4）单击"退出草图"按钮 ⌐↵，关闭草图。

（2）创建基准平面。

1）选择 FeatureManager 设计树上的右视基准面，单击"特征"控制面板中"参考几何体"工具栏上的"基准面"按钮 ◪，或选择"插入"→"参考几何体"→"基准面"命令。

2）在"基准面"属性管理器上的微调框中设置偏移距离为 35mm。

3）单击按钮 ✔，生成"基准面 1"。

（3）绘制草图 2。

1）单击"草图绘制"按钮 ⌐，在基准面 1 上打开一张草图。

2）单击"草图"操控面板上的"样条曲线"按钮 ∧，绘制第二个放样轮廓，如图 6-48 所示。

3）单击"退出草图"按钮 ⌐↵，关闭草图。

4）单击"等轴测"按钮 ▥，用等轴测视图观看图形。

（4）创建曲线。

1）单击"曲线"工具栏上的"通过参考点的曲线"按钮 ⬚，或选择"插入"→"曲线"→"通过参考点的曲线"命令。

2）在"通过参考点的曲线"属性管理器中单击"通过点"栏下的显示框，然后在图形区域按照要生成曲线的次序选择通过的模型点。

图6-47 第一个放样轮廓

图6-48 第二个放样轮廓

3）单击按钮 ✔，生成通过模型点的第一条放样引导线，如图 6-49 所示。

4）仿照步骤1）～3），生成另一条曲线作为放样引导线，如图6-50所示。

图6-49 第一条放样引导线

图6-50 第二条放样引导线

（5）创建放样特征。

1）单击"特征"控制面板上的"放样凸台/基体"按钮 ，或选择"插入"→"凸台/基体"→"放样"命令。

2）在"放样"属性管理器中单击图标 右侧的显示框，然后在图形区域中依次选取第一个轮廓和第二个轮廓。

3）单击图标 右侧的显示框，在图形区域中选择两条三维曲线作为引导线。

4）单击按钮 ，生成引导线放样特征，如图6-51所示。

4. 生成圆周阵列特征

1）在 FeatureManager 设计树中右击基准面1，然后在弹出的快捷菜单中选择"隐藏"命令，将基准面1隐藏起来。

2）选择"视图"→"临时轴"命令，显示圆柱拉伸中的临时轴，为圆周阵列做好准备。

3）单击"特征"控制面板上的"圆周阵列"按钮 ，或选择"插入"→"阵列/镜像"→"圆周阵列"命令。

4）在"圆周阵列"属性管理器中单击"参数"栏下的第一个显示框，然后在图形区域中选择临时轴。

5）选择"等间距"复选框，则总角度将默认为360°。

6）在 微调框中指定阵列的特征数为6。

7）单击"要阵列的特征"显示框，然后在 FeatureManager 设计树或图形区域中选择"放样1"作为阵列特征。

8）单击按钮 ，生成圆周阵列特征，如图6-52所示。

图6-51 生成引导线放样特征

图6-52 生成圆周阵列特征

5. 保存文件

单击标准工具栏中的"保存"按钮 ，或者选择"文件"→"保存"命令，将草图保存，名为"扇叶.sldprt"。

至此该零件就制作完成了，最后的效果（包括 FeatureManager 设计树）如图6-53所示。

图6-53 最后的效果

读者可以对这个模型做进一步的修饰，如添加中心轴孔和设置键槽等。

6.6.3 花盆

本案例利用旋转曲面、延展曲面等方法，生成如图 6-54 所示花盆。

本案例视频内容："X：\动画演示\第 6 章\花盆.avi"。

1. 创建零件文件

选择菜单栏中的"文件"→"新建"命令，或者单击标准工具栏中的"新建"图标，此时系统弹出 "新建 SOLIDWORKS 文件"属性管理器，在其中选择"零件"图标，然后单击"确定"按钮，创建一个新的零件文件。

2. 保存文件

选择菜单栏中的"文件"→"保存"命令，或者单击标准工具栏中的"保存"图标，此时系统弹出"另存为"属性管理器。在"文件名"一栏中输入"花盆"，然后单击"保存"按钮，创建一个文件名为"花盆"的零件文件。

3. 绘制花盆盆体

1）设置基准面。在"FeatureManager 设计树"中选择"上视基准面"，然后单击"标准视图"工具栏中的"正视于"图标，将该基准面作为绘制图形的基准面。

2）绘制草图。单击菜单栏中的"草图"控制面板中的"中心线"图标按钮，绘制一条通过原点的竖直中心线，然后单击"草图"控制面板中的"直线"图标按钮，绘制两条直线。

3）标注尺寸。选择菜单栏中的"工具"→"标注尺寸"→"智能尺寸"命令，标注上一步绘制的草图，结果如图 6-55 所示。

4）旋转曲面。选择菜单栏中的"插入"→"曲面"→"旋转曲面"命令，或者单击"曲面"工具栏中的"旋转曲面"图标按钮，此时系统弹出如图 6-56 所示的"曲面-旋转"属性管理器。在"旋转轴"一栏中选择图 6-55 中的竖直中心线，其他设置参考图 6-56。单击属性管理器中的确定图标按钮，完成曲面旋转，生成花盆盆体，结果如图 6-57 所示。

4. 绘制花盆边沿

1）执行延展曲面命令。选择菜单栏中的"插入"→"曲面"→"延展曲面"命令，或者单击"曲面"工具栏中的"延展曲面"图标按钮 ，此时系统弹出"延展曲面"属性管理器。

图6-54 花盆　　　　图6-55 标注草图　　　　图6-56 "曲面-旋转"属性管理器

2）设置"延展曲面"属性管理器。在该属性管理器的"延展方向参考"一栏中选择"FeatureManager 设计树"中的"前视基准面"，在"要延展的边线"一栏中选择图 6-57 中的边线 1，此时属性管理器如图 6-58 所示。在设置过程中注意延展曲面的方向，如图 6-59 所示。

图6-57 花盆盆体　　　　　　　图6-58 "延展曲面"属性管理器

3）确认延展曲面。单击属性管理器中的确定图标按钮 ✓，生成延展曲面，结果如图 6-60 所示。

4）缝合曲面。选择菜单栏中的"插入"→"曲面"→"缝合曲面"命令，或者单击"曲面"工具栏中的"缝合曲面"图标按钮 ，此时系统弹出如图 6-61 所示的"缝合曲面"属性管理器。在"要缝合的曲面和面"一栏中选择图 6-60 中的曲面 1 和曲面 2，然后单击属性管理器中的确定图标按钮 ✓，完成曲面缝合，结果如图 6-62 所示。

图6-59 延展曲面方向图示　　　图6-60 生成的延展曲面　　　图6-61 "缝合曲面"属性管理器

注意

曲面缝合后其外观没有任何变化，只是将多个面组合成了一个面。此处缝合的目的是为了对两个面的交线进行圆角处理，因为面的边线不能进行圆角处理，所以将两个面缝合为一个面。

5）圆角曲面。单击"特征"控制面板中的"圆角"按钮 ，此时系统弹出"圆角"属性管理器。在"圆角项目"的"边线、面、特征和环"一栏中选择图 6-62 中的边线 1，在"半径"一栏中输入 10mm，其他设置如图 6-63 所示。单击属性管理器中的确定图标按钮 ✔，完成圆角处理，结果如图 6-64 所示。

图6-62 缝合曲面后的图形

5．设置外观属性

1）执行命令。右键单击图形中的任意点，系统弹出如图 6-65 所示的快捷菜单，选择"外观"下的"零件"，此时系统弹出"颜色"属性管理器。在该属性管理器中设置花盆颜色，如图 6-66 所示。

图6-63 "圆角"属性管理器

图6-64 圆角处理后的图形

2）添加颜色。单击属性管理器中的确定图标按钮 ✔，设置花盆的外观属性。花盆及其 FeatureManager 设计树如图 6-67 所示。

图6-65 快捷菜单

图6-66 设置颜色

图6-67 花盆及其FeatureManager设计树

6.7 上机操作

创建如图6-68所示的音量控制器。

本案例视频内容："X：\动画演示\第6章\上机操作\音量控制器.avi"。

操作提示：

1. 生成音量控制器实体

1）绘制曲线。选取前视基准面，单击"草图绘制"按钮，进入草图绘制模式，绘制如图 6-69 所示的草图 1；选取右视基准面，单击"草图绘制"按钮┗，进入草图绘制模式，绘制如图 6-70 所示的草图 2；选取上视基准面，单击"草图绘制"按钮┗，进入草图绘制模式，绘制如图 6-71 所示的草图 3。生成的曲线位置如图 7-72 所示。

图6-68 音量控制器　　　　　　　　图6-69 草图1　　　　　　　图6-70 草图2

2）生成曲面。执行"插入"→"曲面"→"放样曲面"菜单命令。设置草图 1 和草图 2 为轮廓、草图 3 为引导线，生成的放样曲面如图 6-73 所示。

图6-71 草图3　　　　　　图6-72 生成的曲线位置　　　　　图6-73 放样曲面

3）生成平面。选取前视基准面，单击"草图绘制"按钮┗，进入草图绘制模式，绘制如图 6-74 所示的草图 4。执行"插入"→"曲面"→"平面区域"菜单命令，生成平面，如图 6-75 所示。

图6-74 草图4　　　　　　　　　图6-75 生成平面

4）生成平面。选取右视基准面，单击"草图绘制"按钮┗，进入草图绘制模式，绘制如图 6-76 所示的草图 5。执行"插入"→"曲面"→"平面区域"菜单命令，生成平面，如图 6-77 所示。

图 6-76 草图5　　　　　　　　图 6-77 生成平面

5）缝合曲面。执行"插入"→"曲面"→"缝合曲面"菜单命令，选取生成的三个面，缝合成一个曲面，如图 6-78 所示。

图6-78 缝合曲面

2. 用曲面切割实体

1）绘制剖面草图。选取前视基准面，单击"草图绘制"按钮 ⌐，进入草图绘制模式，绘制如图 6-79 所示的剖面草图 6。

2）生成放样曲面。执行"插入"→"曲面"→"放样曲面"菜单命令，选取绘制的草图 6 和边线，设置"曲面-放样曲面"属性管理器如图 6-80 所示，生成放样曲面。

3）曲面切割实体。执行"插入"→"切除"→"使用曲面"菜单命令，选取上步生成的放样曲面作为切除面，设置如图 6-81 所示，完成曲面切割实体。

3. 切削造型槽一

选取上视平面，单击"旋转切除"按钮 ⚃，进入草图绘制模式，绘制如图 6-82 所示的草图 7。生成的旋转凸台特征如图 6-83 所示。

图6-79 剖面草图6

图6-80 放样曲面

图6-81 曲面切割实体

图6-82 草图7

图6-83 旋转凸台特征

4. 切削造型槽二。选取上视平面，单击 ![旋转切除] （旋转切除）按钮，进入草图绘制模式。绘制如图 6-84 所示的草图 8；产生旋转凸台如图 6-85 所示。

图6-84 草图8

图6-85 旋转凸台特征

5．倒圆

设置两个旋转凸台切除面的圆角半径为 1mm、各边缘线的圆角半径为 0.5mm。得到如图 6-68 所示的音量控制器。

6.8 思考练习

1）绘制如图 6-86 所示的支架，注意螺旋线的生成和螺纹的扫描切除。

2）绘制如图 6-87 所示的银葫芦，注意使用更改颜色属性。

3）练习各种空间曲线的生成，如投影曲线、通过参考点的曲线、通过 XYZ 点的曲线、组合曲线、分割线、从草图投影到平面或曲面的曲线、螺旋线和涡状线。理解它们的定义和生成方式的不同。

图6-86 支架

图6-87 银葫芦

第 **7** 章

零件建模的复杂功能

本章主要介绍了 SOLIDWORKS 中对零件的控制方法，如控制零件尺寸和密度等。此外，本章还对 SOLIDWORKS 的渲染软件 PhotoWorks 做了简单的介绍。

学 习 要 点

- 方程式驱动尺寸
- 系列零件设计表
- 模型计算
- 输入与输出

7.1 方程式驱动尺寸

连接尺寸只能控制特征中不属于草图部分的数值（如两个拉伸特征的深度），即特征定义尺寸，而方程式可以驱动任何尺寸。当在模型尺寸之间生成方程式后，特征尺寸成为变量，它们之间必须满足方程式的要求，互相牵制。当删除方程式中使用的尺寸或尺寸所在的特征时，方程式也将被一道删除掉。

要生成模型尺寸的方程式驱动关系，就必须为尺寸添加变量名。

1）在图形区域中单击尺寸值。

2）在弹出的属性管理器中选择"数值"标签。

3）在"主要值"下面的文本框中输入尺寸名称。此时是以全名的形式显示，如图 7-1 所示。

4）单击 确定按钮 ✔，关闭对话框。

在定义完尺寸的变量名称后，就可以建立方程式来驱动它们了。主要步骤如下：

1）单击"工具"工具栏上的"方程式"按钮 Σ，或选择"工具"→"方程式"命令，弹出"方程式、整体变量及尺寸"对话框，如图 7-2a 所示。

图7-1 ［尺寸］属性管理器

2）在图形区中依次单击左上角图标 Σ ⌢ ⬙ $\frac{1}{2}\downarrow$，分别显示"方程式视图""草图方程式视图""尺寸视图""按序排列的视图"，如图 7-2 所示。

3）单击对话框中的"自动重建"按钮 🎱，或旋转菜单栏中的"编辑"→"重建模型"命令来更新模型，所有被方程式驱动的尺寸会立即更新。此时在 FeatureManager 设计树中会出现 Σ（方程式）文件夹，右键单击该文件夹即可对方程式进行编辑、删除、添加等操作。

SOLIDWORKS 2018 中的方程式支持的运算和函数见表 7-1。

 注意

被方程式所驱动的尺寸无法在模型中以编辑尺寸值的方式来改变。

为了更好地了解设计者的设计意图，还可以在方程式中添加注释文字。也可以像编程那样将某个方程式去掉，避免该方程式的运行。

要对方程式添加注释文字，可做如下操作：

1）直接在"方程式"下方空白框中输入内容，如图 7-2a 所示。

2）单击图 7-2 所示对话框中的按钮 输入(I)... ，在弹出的如图 7-3 所示的"打开"对话框中选择要添加注释的方程式，即可添加外部方程式文件。

3）同理，单击"输出"按钮，输出外部方程式文件。

a)

b)

c)

d)

图7-2 [方程式、整体变量及尺寸]对话框

图7-3 "打开"对话框

表7-1 方程式支持的运算和函数

运算符	名称	注释
+	加号	加法
−	减号	减法
*	星号	乘法
/	正斜线	除法
^	^符号	求幂
函数		
sin (a)	正弦	a 为角度；返回正弦率
cos (a)	余弦	a 为角度；返回余弦率
tan (a)	相切	a 为角度；返回余弦率
sec (a)	正割	a 为角度；返回正割率
cosec (a)	余割	a 为角度；返回余割率
cotan (a)	余切	a 为角度；返回余切率
arcsin (a)	反正弦	a 为正弦率；返回角度
arccos (a)	反余弦	a 为余弦率；返回角度
atn (a)	反正切	a 为相切率；返回角度
arcsec (a)	反正割	a 为正割率；返回角度
arccosec (a)	反余割	a 为余割率；返回角度
arccotan (a)	反余切	a 为余切率；返回角度
abs (a)	绝对值	返回 a 的绝对值

（续）

函数	名称	注释
exp (n)	指数	返回 e 的 n 次方
log (a)	对数	返回 a 的以 e 为底数的自然对数
sqr (a)	平方根	返回 a 的平方根
int (a)	整数	返回 a 为整数
sgn (a)	符号	返回 a 的符号为 -1 或 1，如 sgn(-21) 返回 -1
常数		
pi	派	圆周到圆直径的比率(3.14)

7.2 系列零件设计表

如果用户的计算机上安装了 Microsoft Excel，就可以使用 Excel 在零件文件中直接嵌入新的配置。配置是指由一个零件或一个部件派生而成的形状相似、大小不同的一系列零件或部件集合。在 SOLIDWORKS 中大量使用的配置是系列零件设计表，利用系列零件设计表用户可以很容易生成一系列大小相同、形状相似的标准零件，如螺母、螺栓等，从而形成一个标准零件库。

使用系列零件设计表具有如下优点：

1）可以采用简单的方法生成大量的相似零件，对于标准化零件管理有很大帮助。

2）使用系列零件设计表不必一一创建相似零件，从而可以节省大量时间。

3）使用系列零件设计表，在零件装配中很容易实现零件的互换。

生成系列零件设计表的主要步骤如下：

1）创建一个原始样本零件模型。

2）选取系列零件设计表中的零件成员要包含的特征或变化尺寸，选取时要按照特征或尺寸的重要程度依次选取。在此应注意，原始样本零件中没有被选取的特征或尺寸将是系列零件设计表中所有成员共同具有的特征或尺寸，即系列零件设计表中各成员的共性部分。

3）利用 Microsoft Excel 97 以上的版本编辑、添加系列零件设计表的成员和要包含的特征或变化尺寸。

生成的系列零件设计表保存在模型文件中，并且不会连接到原来的 Excel 文件。在模型中所进行的更改不会影响原来的 Excel 文件。

要在模型中插入一个新的空白的系列零件设计表，可做如下操作：

1）选择"插入"→"表格"→"设计表"命令。在"系列零件设计表"属性管理器中的"源"栏中勾选"空白"单选按钮，如图 7-4 所示，然后单击按钮✔。

2）系统弹出"添加行和列"对话框，如图 7-5 所示，单击"确定"按钮。这时一个 Excel 工作表出现在零件文件窗口中，Excel 工具栏取代了 SOLIDWORKS 工具栏，如图 7-6 所示。

3）在表的第 2 行中输入要控制的尺寸名称。也可以在图形区域中双击要控制的尺寸，则相关的尺寸名称出现在第 2 行中，同时该尺寸名称对应的尺寸值出现在"第一实例"行中。

图7-4 "系列零件设计表"属性管理器

图7-5 "添加行和列"对话框   图7-6 插入的Excel工作表

4）重复步骤3），直到定义完模型中所有要控制的尺寸。

5）如果要建立多种型号，则在 A 列（单元格 A3、A4…）中输入要生成的型号名称。

6）在对应的单元格中输入该型号对应控制尺寸的尺寸值，如图 7-7 所示。

7）完成向工作表中添加信息后，在表格外单击，将其关闭。

8）系统会显示一条信息，列出所生成的型号，如图 7-8 所示。

当用户创建完成一个系列零件设计表后，其原始样本零件就是其他所有型号的样板，原始零件的所有特征、尺寸和参数等均有可能被系列零件设计表中的型号复制使用。

生成系列零件设计表后，接下来就是将它们应用于零件设计当中。

1）单击 SOLIDWORKS 窗口左边面板顶部的 ConfigurationManager 图标🔖。

2）在 ConfigurationManager 设计树中显示了该模型中系列零件设计表生成的所有型号。

3）右键单击要应用的型号，在弹出的快捷菜单中选择"显示配置"命令，如图7-9 所示。

图7-7 输入控制尺寸的尺寸值

图7-8 信息对话框

图7-9 快捷菜单

4）系统将按照系列零件设计表中该型号的模型尺寸重建模型。

要对已有的系列零件设计表进行编辑，可做如下操作：

1）单击 SOLIDWORKS 窗口左边面板顶部的 ConfigurationManager 图标🖳。

2）在 ConfigurationManager 设计树中右键单击系列零件设计表图标🗶。

3）在弹出的快捷菜单中选择"编辑表格"命令。

4）如果要删除该系列零件设计表，则选择"删除"命令。

在任何时候，用户均可在原始样本零件中加入或删除特征。如果是加入特征，加入后的特征将是系列零件设计表中所有型号成员的共有特征，若某个型号成员正在被使用，系统将会依照所加入的特征自动更新该型号成员。如果是删除原始样本零件中的某个特征，则系列零件设计表中的所有型号成员的该特征都将被删除，若某个型号成员正在被使用，系统就会将工作窗口自动切换到现在的工作窗口，完成更新被使用的型号成员。

7.3 模型计算

SOLIDWORKS 不仅能完成三维设计工作，还能对所设计的模型进行简单的计算。这些计算功能是当前设计人员用到的最好的功能之一。SOLIDWORKS 中计算的质量特性包括质量、体积、表面积、中心、惯性张量和惯性主轴。要计算质量特性，可做如下操作：

1）单击"工具"工具栏上的"质量特性"按钮♣，或选择"工具"→"质量特性"命令。

2）系统弹出"质量属性"对话框，如图 7-10 所示。

3）单击"选项"按钮，弹出"质量/剖面属性选项"对话框，如图 7-11 所示，在其中可以设置测量的单位和零件的密度等属性。

图7-10 "质量属性"对话框   图7-11 "质量/剖面属性选项"对话框

4）在设置好测量选项后，单击"确定"按钮关闭该对话框。

5）在"质量属性"对话框中单击"重算"按钮，系统会根据新设置的测量选项计算零件的质量特性。

6）单击"复制到剪贴板"按钮，将计算的结果复制到剪贴板上，然后粘贴到另一个文件中。

7）单击"打印"按钮，直接将此对话框中的内容打印出来。

8）单击"关闭"按钮，关闭"质量属性"对话框。

 说 明

选择菜单栏中的"工具"→"选项"命令，弹出如图 7-12 所示的对话框。如果在"系统选项"选项卡中的"性能"项目中选择了"保存文件时更新质量属性"复选框，则在保存文件时系统会更新质量属性。这样，在下次访问质量属性时，系统不必重新计算数值，可以提高系统性能。

除了计算模型的质量特性，SOLIDWORKS 还可以针对模型中的某个面、剖面、工程视图中的平面或草图计算其某些特性，如面积、重心和惯性张量等。

图7-12 "截面属性"对话框

要计算某个模型面或剖面的属性,可做如下操作:

1)在图形区域中选择要计算属性的模型面或剖面。

2)选择"工具"→"截面属性"命令。

3)系统弹出"截面属性"对话框,如图 7-13 所示。

4)单击"选项"按钮,弹出"质量/剖面属性选项"对话框。在其中设置测量单位后关闭对话框。

5)单击"截面属性"对话框中的"重算"按钮,系统会根据新设置的测量选项计算截面属性,同时在图形区域中显示主轴和质量中心。

SOLIDWORKS 还可以测量草图、三维模型、装配体或工程图中直线、点、曲面、基准面的距离、角度、半径和大小,以及它们之间的距离、角度、半径或尺寸。当测量两点之间的距离时,两个点的 x、y 和 z 的距离差值会显示出来。当选择一个顶点或草图点时,会显示其 x、y 和 z 坐标值。

要测量实体,可做如下操作:

1)单击"工具"工具栏上的"测量"按钮 ,或选择"工具"→"测量"命令。

2)弹出"测量"对话框,如图 7-14 所示。

3）单击"单位\精度"按钮，弹出"测量单位\精度"对话框，在其中设置测量单位。

图7-13 "截面属性"对话框

图7-14 "测量"对话框

4）在"投影于"栏中选择以下选项之一：

①"屏幕"：该单选按钮可以测量屏幕上的任何投影实体。

②"选择面/基准面"：单选该按钮，可以测量所选基准面或平面上的投影实体。

5）单击鼠标指针选择模型上的测量项目，此时鼠标指针变为 形状。

6）选择的测量项目出现在"所选项目"显示框中，同时在"测量结果"显示框中显示所得到的测量结果。

7）单击"关闭"按钮，关闭对话框。

7.4 输入与输出

用户可以从其他应用程序将文件输入到 SOLIDWORKS 文件中，也可以将 SOLIDWORKS 文件以多种格式输出。SOLIDWORKS 2018 支持许多 CAD 软件文件的输入和输出功能。表 7-2 列出了 SOLIDWORKS 支持的输入和输出文件类型。

输入其他应用程序的文件，可做如下操作：

1）单击标准工具栏上的"打开"按钮，或选择"文件"→"打开"命令。

2）在"打开"对话框中的"文件类型"下拉列表框中选择要输入的文件类型。

3）浏览到所需的文件，单击"打开"按钮。

4）如果文件中有曲面，这些曲面以如下方式读入：

①如果文件中有不可见曲面，则它们作为曲面特征输入并添加到 FeatureManager 设计树中。

②如果曲面代表多个闭环实体，则该实体作为新零件文件中的基体特征出现。

表7-2 SOLIDWORKS支持的输入和输出文件类型

应用程序	零件		装配体		工程图	
	输入	输出	输入	输出	输入	输出
3D XML		X		X		
ACIS	X	X	X	X		
Adobe Illustrator	X	X		X	X	X
Adobe Photoshop	X	X	X	X	X	X
Adobe 便携式文档格式		X		X		X
Autodesk Inventor	X		X			
CADKEY	X		X			
CATIA Graphics	X	X	X	X		
DXF/DWG	X				X	X
DXF 3D	X		X			
eDrawings		X		X		X
Highly Compressed Graphics（高压缩图形）		X		X		
HOOPS		X		X		
IDF	X					
IGES	X	X	X	X		
JPEG		X		X		X
Mechanical Desktop	X		X			
Parasolid	X	X	X	X		
PDF		X		X		X
Pro/ENGINEER	X	X	X	X		
Rhino	X					
ScanTo3D	X	X				
Solid Edge	X		X			
STEP	X	X	X	X		
STL	X	X	X	X		
TIFF	X	X	X	X		X
U3D		X		X		
Unigraphics	X		X			
VDAFS	X	X				
Viewpoint		X		X		
VRML	X	X	X	X		
XPS		X		X		X

注：×表示此项可用。

如果要将SOLIDWORKS文件输出为其他文件类型，可做如下操作：

1）打开要输出的文件。

2）选择"文件"→"另存为"命令。

3）在"另存为"对话框中的"文件类型"下拉列表框中选择要输出的文件类型。

4）浏览到输出文件要存放的文件夹。

5）单击"确定"按钮即可。

7.5 训练实例——底座

在零件建模过程中应用连接尺寸，方程式驱动以及系列零件设计表，生成如图 7-15 所示的底座。

本案例视频内容："X：\动画演示\第 7 章\底座.avi"。

图7-15 底座

1．建立新的零件文件

单击"新建"按钮，或选择"文件"→"新建"命令，新建一个零件文件。

2．生成基体拉伸特征

（1）绘制草图。

1）单击"草图绘制"按钮，新建一张草图。选择前视基准面为草图绘制面。

2）利用草图绘制工具绘制拉伸特征的草图轮廓并标注尺寸，如图 7-16 所示。

（2）创建拉伸特征。

1）单击"特征"控制面板中的"拉伸凸台/基体"按钮，或选择"插入"→"凸台/基体"→"拉伸"命令。

2）在"方向 1"栏中设定拉伸的终止条件为"给定深度"，在微调框中设置拉伸深度为 20mm。

3）单击按钮，生成拉伸 1 特征，如图 7-17 所示。

图7-16 绘制草图

图7-17 生成拉伸1特征

3．生成基体拉伸特征

（1）绘制草图。

1）选择拉伸特征的顶面作为基准面，单击"草图绘制"按钮，在其上打开一张草图。

2）单击"草图"控制面板中的"圆"按钮，绘制一个圆作为凸台草图轮廓并标注尺寸，如图 7-18 所示。

（2）创建拉伸特征。

1）单击"特征"控制面板上的"拉伸凸台/基体"按钮。

2）在"方向1"栏中设定拉伸的终止条件为"给定深度"，在 微调框中设定拉伸深度为15mm。

3）单击按钮 ，生成拉伸2特征，如图7-19所示。

图7-18 凸台草图轮廓

图7-19 生成拉伸2特征

4．生成基体拉伸特征

（1）绘制草图。

1）选择拉伸2顶面作为基准面，单击"草图绘制"按钮 ，在其上打开一张草图。

2）单击"草图"控制面板上的"圆"按钮 ，绘制一个圆作为拉伸3草图轮廓并标注尺寸，如图7-20所示。

（2）创建拉伸特征。

1）单击"特征"控制面板上的"拉伸凸台/基体"按钮 。

2）在"方向1"栏中设定拉伸的终止条件为"给定深度"，在 微调框中设定拉伸深度为18mm。

3）单击按钮 ，生成拉伸3特征，如图7-21所示。

图7-20 拉伸3草图轮廓

图7-21 拉伸3特征

5．生成基体拉伸切除特征

（1）绘制草图。

1）选择拉伸3顶面作为基准面，单击"草图绘制"按钮 ，在其上打开一张草图。

2）单击"草图"控制面板上的"圆"按钮 ，绘制一个圆作为拉伸切除草图轮廓并标注尺寸，如图7-22所示。

（2）创建拉伸切除特征。

1）单击"特征"控制面板上的"拉伸切除"按钮 ，或选择"插入"→"切除"→"拉伸"命令。

2）设置切除的终止条件为"给定深度"，在 微调框中设定拉伸深度为33mm。

3）单击 按钮，生成切除-拉伸1特征，如图7-23所示。

6．生成圆角特征

1）单击"特征"控制面板上的"圆角"按钮 ，或选择"插入"→"特征"→"圆角"

命令。

图7-22 拉伸切除草图轮廓

图7-23 生成切除-拉伸1特征

2）在"圆角"属性管理器中选择"圆角类型"为"恒定大小圆角"，并在 微调框中设置半径值为 2mm。

3）单击图标 右侧的显示框，然后在其右面的图形区域中选择圆角边线，如图 7-24 所示。

4）单击按钮 ，生成等半径圆角特征。

7. 保存文件

单击标准工具栏中的"保存"按钮 ，或者选择"文件"→"保存"命令。将草图保存，名为"底座.sldprt"。至此，该零件模型的建模工作就基本完成了。

8. 为零件添加连接尺寸

1）在 FeatureManager 设计树中，右键单击"注解"文件夹 ，然后在弹出的快捷菜单中选择"显示特征尺寸"命令。这时，在图形区域中零件的所有特征尺寸都显示出来。

2）右键单击拉伸 1 特征的深度尺寸（20mm），在弹出的快捷菜单中选择"连接数值"命令。

3）在"共享数值"对话框中的"名称"中输入"depth"作为尺寸变量名，如图 7-25 所示。单击"确定"按钮，关闭对话框。

图7-24 选择圆角边线

图7-25 "共享数值"对话框

4）右键单击拉伸 3 特征的深度尺寸（18mm），在弹出的快捷菜单中选择"链接数值"命令。

5）在"共享数值"对话框的"名称"下拉列表框中选择变量名称"depth"，然后单击"确定"按钮关闭对话框。

6）拉伸 3 特征的深度尺寸已经由 18mm 变为 20mm。这两个尺寸已经连接起来了。只要改变其中的一个尺寸值，另一个尺寸就会做相应的改变。

9. 在模型中建立驱动尺寸方程式

1）选择"工具"→"方程式"命令。

2）在弹出的"方程式、整体变量及尺寸"对话框中单击"方程式视图"按钮 ，在方程式栏中单击"添加方程式"。

3）在图形区域中单击第一个要在方程式中使用的尺寸值——切除-拉伸 1 特征的深度尺

寸（33mm）。

4）单击"数值/方程式"栏，然后在图形区域中单击拉伸 2 特征的深度尺寸。

5）按+键，然后在图形区域中单击拉伸 1 特征的深度尺寸。

此时在"数值/方程式"栏中形成的方程式为：D1@切除-拉伸 1 = D1@凸台-拉伸 2 +depth@凸台-拉伸 1。

6）单击按钮✅，切除-拉伸 1 特征的深度尺寸已经由 33mm 变为了 35mm。

7）用同样的方法添加如下方程式（尺寸名称对应的尺寸如图 7-26 所示）：

➢ D1@草图 2 = 2 * D1@草图 1

➢ D1@草图 3 = D1@草图 2 / 2

图7-26 定义的尺寸名称与对应的尺寸

8）"方程式、整体变量及尺寸"对话框如图 7-27 所示。单击"确定"按钮，关闭对话框。

图7-27 "方程式"对话框

10．创建设计表

利用这个零件模型建立一个系列零件设计表，从而可以方便地得到一系列大小相同、形状相似的零件。

1）选择"插入"→"系列零件设计表"命令，在属性管理器中选择"空白"。

2）选中插入 Excel 工作表中的 B2 单元格，在图形区域中双击名称"D1@草图 1"的尺寸（R40 mm）。

3）选中插入 Excel 工作表中的 C2 单元格，在图形区域中双击名称"depth@基体-拉伸 1"的尺寸（20mm）。

4）选中插入 Excel 工作表中的 D2 单元格，在图形区域中双击名称"D1@凸台－拉伸 2"的尺寸（15mm）。

5）A 在列（单元格 A4、A5…）中输入要生成的型号名称"A1""A2""A3"。

6）在对应的单元格中输入该型号对应控制尺寸的尺寸值，如图 7-28 所示。

7）完成向工作表中添加信息后，在表格外单击将其关闭。

8）系统会显示一条提示信息（见图 7-29），列出所生成的型号。

图7-28 建立的系列零件设计表　　　　　　　　　图7-29 提示信息

9）单击"确定"按钮，关闭该对话框。

将生成的系列零件设计表应用于零件设计当中，生成多个尺寸不同、形状相似的零件。

1）单击 SOLIDWORKS 窗口左边面板底部的 ConfigurationManager 图标🎞。

2）在 ConfigurationManager 设计树中显示了该模型中系列零件设计表生成的所有型号。

3）右键单击要应用的"A1"，在弹出的快捷菜单中选择"显示配置"命令。

4）系统将按照系列零件设计表中该型号的模型尺寸重建模型。模型的尺寸相应发生了变化，如图 7-30 所示。

图7-30 A1型号的零件

11. 保存文件

单击保存按钮📇，将零件连同系列零件设计表一起保存。

7.6 思考练习

在零件建模过程中应用方程式驱动以及系列零件设计表，生成如图 7-31 所示连杆。

图7-31 连杆

第 章

装配零件

　　装配体是由许多零部件组合生成的复杂体。它表达的是部件（或机器）的工作原理和装配关系，在进行设计、装配、检查、安装和维修过程中都非常重要。装配体的零部件可以包括独立的零件和其他装配体（称为子装配体）。

- ◎ 建立装配体
- ◎ 定位零部件
- ◎ SmartMates 配合方式
- ◎ 装配体检查
- ◎ 动画制作

8.1 基本概念

在零件设计完成后，可根据要求进行零件装配。零件之间的装配关系实际上就是零件之间的位置约束关系。可以把一个大型的零件装配模型看作是由多个子装配体组成，因而在创建大型的零件装配模型时，可先创建各子装配体，在子装配完成后，再将各子装配体按照它们之间的相互位置关系进行装配，最终创建一个大型的零件装配模型。图 8-1 所示为利用 SOLIDWORKS 设计的装卸车装配体模型。

图8-1 装卸车装配体模型

8.1.1 设计方法

装配体是在一个 SOLIDWORKS 文件中两个或多个零件的组合。用户可以使用配合关系来确定零件的位置和方向，自下而上地设计一个装配体，也可以自上而下地进行设计，或者两种方法结合使用。

所谓自下而上的设计方法，就是先生成零件并将其插入到装配体中，然后根据设计要求配合零件。该方法是比较传统的方法，因为零件是独立设计的，所以可以让设计者更加专注于单个零件的设计工作，而不用考虑控制零件大小和尺寸的参考关系等复杂概念。

自上而下的设计方法是从装配体开始设计工作，用户可以使用一个零件的几何体来帮助定义另一个零件，或生成组装零件后才添加加工特征。该方法可以将草图布局作为设计的开端，首先定义固定的零件位置、基准面等，然后参考这些定义来设计零件。

8.1.2 零件装配步骤

进行零件装配时，必须合理选取第一个装配零件。该零件应满足如下两个条件：

1）是整个装配体模型中最为关键的零件。

2）用户在以后的工作中不会删除该零件。

通常零件的装配步骤（采用自下而上的设计方法）如下：

1）建立一个装配体文件（.sldasm），进入零件装配模式。

2）调入第一个零件模型。默认情况下，装配体中的第一个零件是固定的，但是用户可以随时将其解除固定。

3）调入其他与装配体有关的零件模型或子装配体。

4）分析零件之间的装配关系，并建立零件之间的装配关系。

5）检查零部件之间的干涉关系。

（6）全部零件装配完毕后，将装配体模型保存。

 注意

> 当用户将一个零部件（单个零件或子装配体）放入装配体中时，这个零部件文件会与装配体文件形成链接。虽然零部件出现在装配体中，但是零部件的数据还保持在源零部件文件中。对零部件文件所进行的任何改变都会更新装配体。

8.2 建立装配体

装配体为一个文件，在此文件里零件、特征以及其他装配体（子装配体）是配合在一起的。零件和子装配体位于不同的文件内。例如，活塞是一个在活塞装配体内与其他零件（如连杆或室）相配合的零件。此活塞装配体又可以在发动机装配体中用作子装配体。

8.2.1 添加零部件

要插入零部件到装配体中，首先要新建一个或打开现有的装配体文件。如果要新建一个装配体文件，可做如下操作：

1）选择"文件"→"新建"命令，或单击标准工具栏上的"新建"按钮。

2）在弹出的"新建 SOLIDWORKS 文件"对话框中选择"装配体"，如图8-2所示。

3）单击"确定"按钮，即可进入新建装配体文件的编辑状态。

图8-2 选择"装配体"

在 SOLIDWORKS 中，装配体文件的扩展名为.sldasm。如果要打开已有的装配体文件，可做如下操作：

1）选择"文件"→"打开"，或单击标准工具栏上的"打开"按钮。

2）在"打开"对话框中选择扩展名为.sldasm 的文件即可。

SOLIDWORKS 2018 提供了多种将零部件添加到新的或现有的装配体中的方法，这里介绍几种常用的方法。

（1）使用菜单命令添加零件或子装配体的操作步骤：

1）保持装配体处于打开状态，选择"插入"→"零部件"→"现有零件/装配体"命令。

2）在"插入零部件"属性管理器中单击"浏览"按钮，打开"打开"对话框。

3）在"打开"对话框（见图 8-3）中浏览到包含所需插入装配体的零部件文件的文件夹，然后选择要装配的文件。

图8-3 "打开"对话框

4）单击"打开"按钮。此时鼠标指针变为 形状。

5）在装配体窗口的图形区域中单击要放置零部件的位置。

6）当利用鼠标拖动零部件到原点时，鼠标指针形状如图 8-4 所示。此时释放鼠标，即可确定零部件在装配体中具有的状态：

①零部件被固定。

②零部件的原点与装配体的原点重合。

③零部件和装配体的基准面对齐。这个过程虽非必要，但可以帮助用户确定装配体的起始方位。

图8-4 拖动零部件时的鼠标指针形状

（2）使用资源管理器添加零部件的操作步骤：

1）新建或打开一个装配体文件。

2）打开"资源管理器"（如果尚未运行），并浏览到包含所需零部件的文件夹。

3）右键单击 Windows 桌面的状态栏，然后在弹出的快捷菜单中选择"横向平铺窗口"或"纵向平铺窗口"命令，使 SOLIDWORKS 和资源管理器同时可见。

4）从"资源管理器"窗口中拖动文件图标，此时鼠标指针变为 形状。

5）将其放置在装配体窗口的图形区域。

（3）使用 Internet Explorer 从网络中添加零部件的操作步骤：

1）打开 Internet Explorer（6.0 或更高版本）。

2）在 Internet Explorer 中浏览到包含 SOLIDWORKS 零件文件超文本链接的位置。

3）从 Internet Explorer 窗口中拖动超文本链接，此时鼠标指针变为 形状。

4）将其放置在装配体窗口的图形区域，此时出现"另存为"对话框。

浏览到希望保存零件的文件夹（如果需要可输入新的名称），单击"保存"按钮将零件文件保存在本地硬盘中。

此外，还可以从打开的零件文件窗口中将零部件添加到装配体中。

8.2.2 删除零部件

如果要从装配体文件中删除零部件，可做如下操作：

1）在图形区域或 FeatureManager 设计树中单击零部件。

2）按 Delete 键，或选择"编辑"→"删除"命令。

3）此时系统弹出"确认删除"对话框，如图 8-5 所示。单击"是"按钮，将会从装配体中删除该零部件（并不影响原零件）及其所有相关的项目（配合和爆炸步骤等）。

图8-5 "确认删除"对话框

8.2.3 替换零部件

装配体及其零部件在设计周期中可以进行多次修改。尤其是在多用户环境下，可由几个用户处理单个的零件和子装配体。更新装配体有一种更加安全有效的方法，即根据需要替换零部件。这种方法基于原零部件与替换零部件之间的差别，配合和关联特征可以完全不受影响。

替换零部件的操作步骤如下：

1）选择"文件"→"替换"命令，在"替换"属性管理器中的"选择"栏中单击图标 右侧的显示框，然后在图形区域中选择要替换的零部件，如图 8-6 所示。

2）单击"浏览"按钮，在弹出的"打开"对话框中选择替换的零部件。

3）如果勾选了"选项"栏中的"匹配名称"单选按钮，则系统会尝试将旧的零部件配置与替换零部件的配置匹配。

4）如果选择"重新附加配合"复选框，则系统将现有配合重新附加到替换零部件中。

5）单击按钮 ✔，完成零部件的替换。

图8-6 "替换"属性管理器

8.3 定位零部件

在零部件放入装配体中后，用户可以移动、旋转零部件或固定它的位置，用这些方式大致确定零部件的位置，然后再使用配合关系来精确地定位零部件。

8.3.1 固定零部件

当一个零部件被固定后，它就不能相对于装配体原点移动了。默认情况下，装配体中的第一个零件是固定的。如果装配体中至少有一个零部件被固定下来，它就可以为其余零部件提供参考，防止其他零部件在添加配合关系时意外移动。

要固定零部件，只要在 FeatureManager 设计树或图形区域中右键单击要固定的零部件，在弹出的快捷菜单中选择"固定"命令即可。如果要解除固定关系，只要在快捷菜单中选择"浮动"命令即可。

当一个零部件被固定后，在 FeatureManager 设计树中的该零部件名称之前出现文字"固定"，表明该零部件已被固定。

8.3.2 移动零部件

移动零部件只适用于没有固定关系并且没有被添加完全配合关系的零部件。

要在装配体中移动零部件，可做如下操作：

1）如果没有打开装配体工具栏，可选择"视图"→"工具栏"→"装配体"命令打开装配体工具栏，如图 8-7 所示。

2）单击"装配体"工具栏上的"移动零部件"按钮，或选择"工具"→"零部件"→"移动"命令。此时弹出"移动零部件"属性管理器，并且鼠标指针变为形状。

3）在图形区域中选择零部件。按住 Ctrl 键可以一次选取多个零部件。

4）在"移动零部件"属性管理器（见图 8-8）中"移动"栏内的 下拉列表框中选择移动方式。

图8-7　"装配体"工具栏

① "自由拖动"：选择零部件并沿任意方向拖动。

② "沿装配体 XYZ"：选择零部件并沿装配体的 X、Y 或 Z 方向拖动。图形区域中会显示坐标系以帮助确定方向。

③ "沿实体"：选择实体，然后选择零部件并沿该实体拖动。如果实体是一条直线、边线或轴，则所移动的零部件具有一个自由度。如果实体是一个基准面或平面，则所移动的零部件具有两个自由度。

④ "由 Delta XYZ"：选择零部件，在"移动零部件"属性管理器中键入 X、Y 或 Z 值，则零部件按照指定的数值移动。

⑤ "到 XYZ 位置"：选择零部件的一点，在"移动零部件"属性管理器中键入 X、Y 或 Z 坐标，则零部件的点将移动到指定坐标。如果选择的项目不是顶点或点，则零部件的原点会被置于所指定的坐标处。

5）单击按钮 ✔，完成零部件的移动。

图8-8　"移动零部件"属性管理器

8.3.3　旋转零部件

用户无法旋转一个位置已经固定或完全定义了配合关系的零部件。

要旋转一个零部件，可做如下操作：

1）单击"装配体"工具栏上的"旋转零部件"按钮，或选择"工具"→"零部件"→"旋转"命令。此时弹出"旋转零部件"属性管理器，并且鼠标指针变为 形状。

2）在图形区域中选择一个或多个零部件。

3）从"旋转零部件"属性管理器（见图 8-9）中"旋转"栏的下拉列表框中选择旋转方式。

①"自由拖动"：选择零部件并沿任意方向拖动旋转。

②"对于实体"：选择一条直线、边线或轴，然后围绕所选实体旋转零部件。

③"由 Delta XYZ"：选择零部件，在"旋转零部件"属性管理器中键入 X、Y、Z 的值，然后零部件将按照指定的角度分别绕 X 轴、Y 轴和 Z 轴旋转。

4）单击按钮✔，完成旋转零部件的操作。

图8-9 "旋转零部件"属性管理器

8.3.4 添加配合关系

使用配合关系，可相对于其他零部件来精确地定位零部件，还可定义零部件如何相对于其他的零部件移动和旋转。只有添加了完整的配合关系，才算完成了装配体模型。

要为零部件添加配合关系，可做如下操作：

1）单击"装配体"工具栏上的"配合"按钮，或选择"插入"→"配合"命令。

2）在图形区域中的零部件上选择要配合的实体，所选实体将出现在"配合"属性管理器中的图标右侧的显示框中，如图 8-10 所示。

3）在"配合"属性管理器的"配合对齐"单选按钮组中选择所需的对齐条件。

（1）"同向对齐"：以所选面的法向或轴向的相同方向来放置零部件。

（2）"反向对齐"：以所选面的法向或轴向的相反方向来放置零部件。

4）系统将根据所选的实体，列出有效的配合类型：

重合：面与面、面与直线（轴）、直线与直线（轴）、点与面、点与直线之间重合。

平行：面与面、面与直线（轴）、直线与直线（轴）、曲线与曲线之间平行。

垂直：面与面、直线（轴）与面之间垂直。

同轴心：圆柱与圆柱、圆柱与圆锥、圆形与圆弧边线之间具有相同的轴。

5）单击相应的配合类型按钮，选择配合类型。

6）如果配合不正确，可单击"撤销"按钮，然后根据需要修改选项。

7）如果要一次定义多个配合，则选择"延迟配合"复选框。系统会一次解出多个配合关系。

图8-10 "配合"属性管理器

8）单击按钮，完成配合搞笑的添加。

当在装配体中建立配合关系后，配合关系会在FeatureManager设计树中以图标 表示。

8.3.5 删除配合关系

如果装配体中的某个配合关系有错误，用户可以随时将它从装配体中删除掉。

要删除配合关系，可做如下操作：

1）在FeatureManager设计树中右键单击想要删除的配合关系。

2）在弹出的快捷菜单中选择"删除"命令，或按Delete键。

3）在"确认删除"对话框（见图8-11）中单击"是"按钮，即可完成配合关系的删除。

图8-11 "确认删除"对话框

📖8.3.6　修改配合关系

用户可以像重新定义特征一样，对已经存在的配合关系进行修改。

要修改配合关系，可做如下操作：

1）在 FeatureManager 设计树中右键单击要修改的配合关系。

2）在弹出的快捷菜单中选择"编辑特征"命令。

3）在"配合"属性管理器中改变所需选项。

4）如果要替换配合实体，可在图标🔩右侧的要配合实体显示框中删除原来的实体，然后重新选择实体。

5）单击按钮✔，完成配合关系的重新定义。

8.4 SmartMates 配合方式

智慧组装（SmartMates）用于快速将零部件结合在一起，使用的结合方式为重合和同轴心。

移动零部件时生成智慧组装的操作步骤如下：

1）在"移动零部件"属性管理器中单击"SmartMates"按钮🎏，启动智慧组装功能。

2）双击选取第一个零件的结合面（该零部件必须为非固定状态）。

3）用鼠标拖曳第一个零部件至第二个零部件的配合面，产生配合。如果要反转对齐状态，可按 Tab 键。也可以用鼠标选取第二个零部件的配合面产生配合，如图 8-12 所示。

图8-12 智慧组装零件

智慧组装支持以下几种配合实体以及对应的配合类型：

1）两个线性边线间的重合关系，当推理到这种配合类型后，鼠标指针变为形状。

2）两个平面间的重合关系，当推理到这种配合类型后，鼠标指针变为形状。

3）两个顶点之间的重合关系，当推理到这种配合类型后，鼠标指针变为形状。

4）两个圆锥面、两个轴或一个圆锥面和一个轴之间的同心关系。当推理到这种配合类型后，鼠标指针变为 形状。

5）两条圆形边线之间的同轴心或重合关系。当推理到这种配合类型后，鼠标指针变为 形状。

8.5 装配体检查

在一个复杂的装配体中，如果用视觉来检查零部件之间是否有干涉的情况是件困难的事。SOLIDWORKS 可以在零部件之间进行干涉检查，并且能查看所检查到的干涉，可以检查与整个装配体或所选的零部件组之间的碰撞与冲突。

8.5.1 干涉检查

要在装配体的零部件之间进行干涉检查，可做如下操作：

1）选择"工具"→"评估"→"干涉检查"命令。

2）在弹出的"干涉检查"属性管理器中单击"所选零部件"显示框。在装配体中选取两个或多个零部件，或在 FeatureManager 设计树中选择零部件。所选的零部件会显示在"干涉检查"属性管理器中，如图 8-13 所示。

3）选择"视重合为干涉"复选框，则重合的实体（接触或重叠的面、边线或顶点）也被列为干涉的情形。否则将忽略接触或重叠的实体。

4）单击按钮 ✔。如果存在干涉，在"结果"显示框中会列出发生的干涉。

5）在图形区域中对应的干涉会被高亮度显示，在"干涉检查"属性管理器中还会列出相关零部件的名称。

6）单击按钮 ✖，关闭对话框。图形区域中高亮度显示的干涉也被解除。

📖 说 明

如果在特征管理器设计树中选择了顶层装配体，则对该装配体中所有的零部件都会进行干涉检查。

8.5.2 碰撞检查

碰撞检查用来检查整个装配体或所选的零部件组之间的碰撞关系，利用此工具可以发现所选零部件之间的碰撞。

要检查零部件的碰撞，可做如下操作：

1）单击"装配体"工具栏上的"移动"按钮 或"旋转"按钮 。

2）选择"移动零部件"属性管理器或"旋转零部件"属性管理器"选项"栏中的"碰撞检查"单选按钮，如图 8-14 所示。

3）指定检查范围。

①"所有零部件之间"：如果移动的零部件接触到装配体中任何其他的零部件，都会检查出碰撞。

图8-13 "干涉检查"属性管理器　　　　　　　　　图8-14 "碰撞检查"选项

②"这些零部件之间"：勾选该单选按钮后，在图形区域中指定零部件，这些零部件将会出现在图标右侧的显示框中。如果移动的零部件接触到该框中的零部件，就会检查出碰撞。

4）如果选择"仅被拖动的零件"复选框，将只检查与移动的零部件之间的碰撞。

5）如果选择"碰撞时停止"复选框，则停止零部件的运动以阻止其接触到任何其他实体。

6）单击按钮 ✓，完成碰撞检查。

8.5.3 物理动力学

物理动力学是碰撞检查中的一个选项，它允许用户以现实的方式查看装配体零部件的移动。启用物理动力学后，当拖动一个零部件时，此零部件就会向与其接触的零部件施加一个力，结果就会在接触的零部件所允许的自由度范围内移动和旋转接触的零部件；当碰撞时，拖动的零部件就会在其允许的自由度范围内旋转或向约束的或部分约束的零部件相反的方向滑动，使拖动得以继续。"物理动力学"选项如图 8-15 所示。

对于只有几个自由度的装配体，运用物理动力学的效果最佳并且也最具有意义。

要使用物资动力移动零部件，可做如下操作：

1）单击"装配体"工具栏上的"移动"按钮 或"旋转"按钮 。

2）在"移动零部件"属性管理器或"旋转零部件"属性
管理器的"选项"中勾选"物理动力学"单选按钮。

3）移动"敏感度"滑块来更改物理动力学检查碰撞所使
用的灵敏度。当调到最大的灵敏度时，零部件每移动0.02mm，
软件就检查一次碰撞。当调到最小灵敏度时，检查间距为
20mm。

4）在图形区域中拖动零部件。当物理动力学检测到一碰
撞时，将在碰撞的零部件之间添加一个互相抵触的力。当两
个零部件相互接触时，力就会起作用。当两个零部件不接触
时，力将被移除。

5）单击按钮 ✔，完成物理动力学的检查。

当以物理动力学方式拖动零部件时，一个质心符号 🔵 将
出现在零部件的质心位置。如果单击质心符号并拖动零部件，
将在零部件的质心位置添加一个力。如果在质心外拖动零部
件，将会给零部件应用一个动量臂，使零部件可以在允许的
自由度内旋转。

图8-15 "物理动力学"选项

📖 8.5.4 动态间隙的检测

用户可以在移动或旋转零部件时动态检查零部件之间的
间隙值。当移动或旋转零部件时，系统会出现一个动态尺寸线，指示所选零部件之间的最小
距离。

要检测零部件之间的动态间隙，可做如下操作：

1）单击"装配体"工具栏上的"移动"按钮 🔳 或"旋转"按钮 🔳。

2）在"移动零部件"属性管理器 或"旋转零部件"属性管理器中选择"动态间隙"复
选框。

3）单击"检查间隙范围"栏下的第一个显示框（见图 8-16），然后在图形区域中选择
要检测的零部件。

4）单击"在指定间隙停止"按钮 🔳，然后在右边的微调框中指定一个数值。当所选零
部件之间的距离小于该数值时，将停止移动零部件。

5）单击"恢复拖动"按钮。

6）在图形区域中拖动所选的零部件时，间隙尺寸将在图形区域中动态更新，如图 8-17
所示。

图8-16 "检查间隙范围"栏

图8-17 间隙尺寸的动态更新

7）单击按钮 ✔，完成动态间隙的检查。

📖8.5.5 装配体性能评估

SOLIDWORKS 提供了对装配体进行统计报告的功能，即装配体性能评估。通过装配体统计，可以生成一个装配体文件的统计资料。

装配体统计的操作步骤如下：

1）打开装配体文件。

2）执行装配体统计命令。执行"工具"→"评估"→"性能评估"菜单命令，此时系统弹出如图 8-18 所示的"性能评估"对话框。

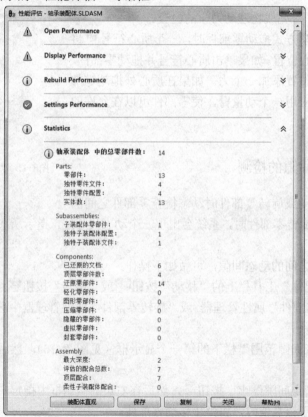

图8-18 "性能评估"对话框

3）确认统计结果。单击"性能评估"对话框中的"关闭"按钮，关闭该对话框。

从"性能评估"对话框中可以查看装配体文件的统计资料。该对话框中各项的含义如下：

1）"零件"：统计的零件数包括装配体中所有的零件，无论是否被压缩，但是被压缩的子装配体中的零部件不包括在统计中。

2）"独特零件"：仅统计未被压缩的互不相同的零件。

3）"子装配体"：统计装配体文件中包含的子装配体个数。

4）"独特子装配体"：仅统计装配体文件中包含的未被压缩的互不相同的子装配体个数。

5）"还原零部件"：统计装配体文件处于还原状态的零部件个数。

6）"压缩零部件"：统计装配体文件处于压缩状态的零部件个数。

7）"顶层配合"：统计最高层装配体文件中所包含的配合关系的个数。

8.6 爆炸视图

在零部件装配体完成后，为了在制造、维修及销售中直观地分析各个零部件之间的相互关系，我们将装配图按照零部件的配合条件来产生爆炸视图。装配体爆炸以后，用户不可以对装配体添加新的配合关系。

8.6.1 生成爆炸视图

爆炸视图可以很形象地查看装配体中各个零部件的配合关系，常称为系统立体图。爆炸视图通常用于介绍零件的组装流程、仪器的操作手册及产品使用说明书中。

爆炸视图的操作步骤如下：

1）打开一个装配体文件。

2）执行"插入"→"爆炸视图"菜单命令，此时系统弹出如图8-19所示的"爆炸"属性管理器。单击该属性管理器中"操作步骤""设定"及"选项"各选项组右上角的箭头，将其展开。

3）在"设定"选项组中的"爆炸步骤零部件"一栏中单击要爆炸的零件，此时装配体中被选中的零件将亮显，并且出现一个设置移动方向的坐标。

4）单击坐标的某一方向，确定要爆炸的方向，然后在"设定"选项组中的"爆炸距离"一栏中输入爆炸的距离值，如图8-20所示。

图8-19 "爆炸"属性管理器

图8-20 设置"设定"选项组

5）单击"设定"选项组中的"应用"按钮，即可观测视图中预览的爆炸效果，单击"爆炸方向"前面的"反向"图标 ，可以反方向调整爆炸视图。单击"完成"按钮，第一个零件爆炸完成。并且在"爆炸步骤"选项组中生成"爆炸步骤1"。

6）重复步骤3）～5），完成其他零部件的爆炸。

⚠ 注意

在生成爆炸视图时，建议对每一个零件在每一个方向上的爆炸设置为一个爆炸步骤。如果一个零件需要在三个方向上爆炸，建议使用三个爆炸步骤，这样可以很方便地修改爆炸视图。

📖 8.6.2　编辑爆炸视图

装配体爆炸后，可以利用"爆炸"属性管理器进行编辑，也可以添加新的爆炸步骤。
编辑爆炸视图的操作步骤如下：

1）打开一个装配体文件的爆炸视图。

2）右键单击 FeatureManager 设计树中要编辑的爆炸视图，在弹出的快捷菜单中选择"编辑特征"选项，此时系统弹出"爆炸"属性管理器。

3）右键单击"爆炸步骤"复选框中的"爆炸步骤1"，在弹出的快捷菜单中选择"编辑步骤"选项，此时"爆炸步骤1"的爆炸设置出现在"设定"选项组中。

4）修改"设定"选项组中的距离参数，或者拖动视图中要爆炸的零部件，然后单击"完成"按钮，即可完成对爆炸视图的修改。

5）在"爆炸步骤1"的右键快捷菜单中选择"删除"选项，该爆炸步骤就会被删除，零部件恢复爆炸前的配合状态。

8.7　子装配体

当某个装配体是另一个装配体的零部件时，则称它为子装配体。用户可以生成一个单独的装配体文件，然后将它插入更高层的装配体，使其成为一个子装配体；也可以将装配体中的一组组装好的零部件定义为子装配体，再将该组零部件在装配体层次关系中向下移动一个层次；还可以在装配体中的任何一层次中插入空的子装配体，然后再将零部件添加到子装配体中。

要在装配体中插入一个已有的装配体文件，使其成为一个子装配体，可做如下操作：

1）在母装配体文件被打开的环境下选择"插入"→"零部件"→"现有零件/装配体"命令。

2）在"打开"对话框中的"文件类型"下拉列表框中选择装配体文件（*.asm；*.sldasm）。

3）导航到作为子装配体的装配体文件所在的目录。

4）选择装配体文件并单击"打开"按钮。该装配体文件便成为母装配体中的一个子装配体文件，并在 FeatureManager 设计树中列出。

要将装配体中的一组组装好的零部件定义为子装配体，可做如下操作：

1）在 FeatureManager 设计树中按住 Ctrl 键，然后选择要作为子装配体的多个零部件（这些零部件中至少有一个已经组装好）。

2）在一个所选的零部件上右键单击，在弹出的快捷菜单中选择"在此生成新子装配体"命令，或者选择"插入"→"零部件"→"以所选零部件生成装配体"命令。

3）在弹出的"另存为"对话框中定义子装配体的文件名和保存的目录。

4）单击"保存"按钮，即可将新的装配体文件保存在指定的文件夹中。

8.8 动画制作

📖 8.8.1 运动算例

运动算例是装配体模型运动的图形模拟。用户可将诸如光源和相机透视图之类的视觉属性融合到运动算例中。运动算例不更改装配体模型或其属性。

1. 新建运动算例

（1）新建一个零件文件或装配体文件，在 SOLIDWORKS 界面的左下角会出现"运动算例"标签。右键单击"运动算例"标签，在弹出的快捷菜单中选择"生成新运动算例"选项。即可自动生成新的运动算例。

（2）打开装配体文件，单击"装配体"工具栏中的"新建运动算例"按钮⚙️，在左下角自动生成新的运动算例。

2. 运动算例 MotionManager 简介

单击"运动算例1"标签，弹出"运动算例1" MotionManager，如图 8-21 所示。

图8-21 MotionManager

（1）MotionManager 工具。

1）"算例类型"：选取运动类型的逼真度，包括动画和基本运动。

2）"计算"🖩：单击此按钮，部件的视像属性将会随着动画的进程而变化。

3）"从头播放"▮▶：重设定部件并播放模拟。在计算模拟后使用。

4）"播放"▶：从当前时间栏位置播放模拟。

5）"停止"▮：停止播放模拟。

6）"播放速度"🖼 ▼：设定播放速度乘数或总的播放持续时间。

7）"播放模式"→ ▼：包括"正常"→，"循环"🔁和"往复"↔。正常即一次性从头到尾播放；循环即从头到尾反复播放；往复即从头到尾连续播放，然后从尾反放。

8）"保存动画" ![icon]：将动画保存为 AVI 或其他类型。

9）"动画向导" ![icon]：在当前时间栏位置插入视图旋转或爆炸/解除爆炸。

10）"自动解码" ![icon]：单击该按钮，在移动或更改零部件时自动放置新键码。再次单击可切换该选项。

11）"添加/更新键码" ![icon]：单击以添加新键码或更新现有键码的属性。

12）"马达" ![icon]：移动零部件似乎由马达驱动。

13）"弹簧" ![icon]：在两个零部件之间添加一弹簧。

14）"接触" ![icon]：定义选定零部件之间的接触。

15）"引力" ![icon]：给算例添加引力。

16）"无过滤" ![icon]：显示所有项。

17）"过滤动画" ![icon]：显示在动画过程中移动或更改的项目。

18）"过滤驱动" ![icon]：显示引发运动或其他更改的项目。

19）"过滤选定" ![icon]：显示选中项。

20）"过滤结果" ![icon]：显示模拟结果项目。

21）"放大" ![icon]：放大时间线以将关键点和时间栏更精确定位。

22）"缩小" ![icon]：缩小时间线以在窗口中显示更大时间间隔。

（2）MotionManager界面。

1）"时间线"：时间线是动画的时间界面。时间线位于 MotionManager 设计树的右方。时间线显示运动算例中动画事件的时间和类型。时间线被竖直网格线均分，这些网络线对应于表示时间的数字标记。数字标记从 00:00:00 开始。时标依赖于窗口大小和缩放等级。

2）"时间栏"：时间线上的纯黑灰色竖直线即为时间栏，它代表当前时间。在时间栏上单击鼠标右键，弹出的快捷菜单如图 8-22 所示。

① "放置键码"：指针位置添加新键码点并拖动键码点以调整位置。

② "粘贴"：粘贴先前剪切或复制的键码点。

③ "选择所有"：选取所有键码点以将之重组。

3）"更改栏"：是连接键码点的水平栏，表示键码点之间的更改。

4）"键码点"：代表动画位置更改的开始或结束或者某特定时间的其他特性。

5）"关键帧"：是键码点之间可以为任何时间长度的区域。其定义装配体零部件运动或视觉属性更改所发生的时间。

MotionManager界面上的图标和更改栏功能如图 8-23 所示。

8.8.2 动画向导

单击"运动算例 1"MotionManager 上的"动画向导"图标按钮![icon]，弹出"选择动画类型"对话框，如图 8-24 所示。

1. 旋转

1）打开零件文件。

2）在"选择动画类型"对话框中勾选"旋转模型"单选按钮，单击"下一步"按钮。

图8-23 更改栏功能

图8-22 时间栏右键快捷菜单

图8-24 "选择动画类型"对话框

3）弹出"选择-旋转轴"对话框，如图 8-25 所示。选择旋转轴，设置旋转次数和旋转方向，单击"下一步"按钮。

4）弹出"动画控制选项"对话框，如图 8-26 所示。设置时间长度，单击"完成"按钮。

5）单击"运动算例 1"MotionManager 上的"播放"图标按钮▶，播放动画。

2. 爆炸/解除爆炸

1）打开装配体文件。

2）创建装配体的爆炸视图。

3）单击"运动算例 1"MotionManager 上的"动画向导"图标按钮，弹出"选择动画类型"对话框，如图 8-27 所示。

4）在"选择动画类型"对话框中勾选"爆炸"单选按钮，单击"下一步"按钮。

5）弹出"动画控制选项"对话框，如图 8-28 所示。在该对话框中设置时间长度，单击

"完成"按钮。

图8-25 "选择-旋转轴"对话框　　　　　图8-26 "动画控制选项"对话框

6）单击"运动算例1"MotionManager 上的"播放"图标按钮▶，播放爆炸视图动画。

7）在"选择动画类型"对话框中勾选"解除爆炸"单选按钮。

8）单击"运动算例1" MotionManager 上"播放"图标按钮▶，播放解除爆炸视图动画。

图8-27 "选择动画类型"对话框　　　　　图8-28 "动画控制选项"对话框

📖 8.8.3　动画

使用动画来生成使用插值以在装配体中指定零件点到点运动的简单动画。可使用动画将基于马达的动画应用到装配体零部件。

可以通过以下方式来生成动画运动算例：

1）通过拖动时间栏并移动零部件生成基本动画。

2）使用动画向导生成动画或给现有运动算例添加旋转、爆炸或解除爆炸效果（在运动分析算例中无法使用）。

3）生成基于相机的动画。

4）使用马达或其他模拟单元驱动。

1. 基于关键帧动画

沿时间线拖动时间栏到某一时间关键点，然后移动零部件到目标位置。MotionManager将零部件从其初始位置移动到用户以特定时间而指定的位置。

沿时间线移动时间栏为装配体位置中的下一更改定义时间。

在图形区域中将装配体零部件移动到对应于时间栏键码点处装配体位置的位置。

创建步骤如下：

1）打开一个装配体或一个零件。

2）拖动时间线到一定位置，在视图中创建动作。

3）在时间线上创建键码。

4）重复步骤2）和3）创建动作，单击MotionManager工具栏上的"播放"▶图标按钮，播放动画。

2．基于马达的动画

运动算例马达模拟作用于实体上的运动，似乎由马达所应用。操作步骤如下：

1）执行命令。单击MotionManager工具栏上的"马达"图标按钮🔧，弹出"马达"属性管理器，如图8-29所示。

2）设置马达类型。在"马达"属性管理器"马达类型"一栏中选择"旋转马达"或者"线性马达"。

3）选择零部件和方向。在"马达"属性管理器的"零部件/方向"一栏中选择要做动画的表面或零件，通过"反向"按钮🡕来调节。

4）选择运动类型。在"马达"属性管理器"运动"一栏中的类型下拉菜单中选择运动类型，如等速、距离、振荡、线段和表达式等。

①"等速"：马达速度为常量。输入速度值。

②"距离"：马达以设定的距离和时间帧运行。为位移、开始时间及持续时间输入值，如图8-30所示。

③"振荡"：为振幅和频率输入值，如图8-31所示。

图8-29 "马达"属性管理器　　　图8-30 "距离"运动类型　　图8-31 "振荡"运动类型

④"线段"：选定线段（位移、速度、加速度），为插值时间和数值设定值。线段"函数编制程序"对话框如图8-32所示。

⑤"表达式"：选取马达运动表达式所应用的变量（位移、速度、加速度）。表达式"函数编制程序"对话框如图8-33所示。

5）确认动画。单击"马达"属性管理器中的"确定"图标按钮✔，动画设置完毕。

图8-32　线段"函数编制程序"对话框

图8-33　表达式"函数编制程序"对话框

3．基于相机橇的动画

　　基于相机橇的动画即通过生成一假零部件作为相机橇，然后将相机附加到相机橇上的草图实体来生成基于相机的动画。基于相机橇的动画有以下几种：

1）沿模型或通过模型移动相机。

2）观看一解除爆炸或爆炸的装配体。

3）导览虚拟建筑。

4）隐藏假零部件以只在动画过程中观看相机视图。

使用假零部件生成相机橇动画的操作步骤如下：

1）创建一相机橇。

2）添加相机，将之附加到相机橇，然后定位相机橇。

3）用右键单击视向及相机视图（MotionManager 设计树），然后切换禁用观阅键码生成以使图标更改。

4）在视图工具栏上单击适当的工具，以在左边显示相机橇，在右侧显示装配体零部件。

5）为动画中的每个时间点重复这些步骤以设定动画序列：

①在时间线中拖动时间栏。

②在图形区域中将相机橇拖到新位置。

6）重复步骤 4）、5），直到完成相机橇的路径为止。

7）在 FeatureManager 设计树中用右键单击相机橇，然后选择隐藏。

8）在第一个视向及相机视图键码点处（时间 00：00：00）用右键单击时间线。

9）选取视图方向，然后选取相机。

10）单击MotionManager 工具栏中的"从头播放"按钮▶。

下面介绍如何创建相机橇。操作步骤如下：

1）生成一假零部件作为相机橇。

2）打开一装配体并将相机橇（假零部件）插入到装配体中。

3）将相机橇远离模型定位，从而包容用户移动装配体时零部件的位置。

4）在相机橇侧面和模型之间添加一平行配合。

5）在相机橇正面和模型正面之间添加一平行配合。

6）使用前视视图将相机橇相对于模型大致置中。

7）保存此装配体。

下面介绍如何添加相机并定位相机橇。操作步骤如下：

1）打开包括相机橇的装配体文档。

2）单击标准工具栏中的前视视图🔲。

3）在MotionManager 树中用右键单击"SOLIDWORKS 光源"按钮🔳，然后选择添加相机。

4）荧屏分割成视口，相机显示在"相机"属性管理器中。

5）在"相机"属性管理器中的目标点下选取选择的目标。

6）在图形区域中选择一草图实体并用来将目标点附加到相机橇。

7）在"相机"属性管理器中的相机位置下单击选择的位置。

8）在图形区域中选择一草图实体并用来指定相机位置。

9）拖动视野以通过使用视口作为参考来进行拍照。

10）在"相机"属性管理器中，在相机旋转下单击，通过选择设定卷数。

11）在图形区域中选择一个面，以在拖动相机橇来生成路径时防止相机滑动。

8.8.4 基本运动

基本运动在计算运动时需考虑到质量。基本运动计算相当快，所以可将之用来生成使用基于物理模拟的演示性动画。

1）在MotionManager工具栏中选择算例类型为基本运动。

2）在MotionManager工具栏中选取工具以包括模拟单元，如马达、弹簧、接触及引力。

3）设置好参数后，单击 MotionManager 工具栏中的计算图标按钮 ，以计算模拟。

4）单击 MotionManager 工具栏中的从头播放图标按钮 ，从头播放模拟。

8.8.5 保存动画

单击"运动算例 1" MotionManager 上的"动画向导"图标按钮 ，弹出"保存动画到文件"对话框，如图 8-34 所示。

图8-34 "保存动画到文件"对话框

（1）保存类型：包括 Microsoft.avi 文件、一系列 Windows 位图.bmp、一系列 Truevision Targas.tag。其中一系列 Windows 位图.bmp 和一系列 Truevision Targas.tag 是静止图像系列。

（2）渲染器：SOLIDWORKS 屏幕，制作荧屏动画的副本。

（3）图像大小与高度比例：

1）"固定高宽比例"：在变更宽度或高度时保留图像的原有比例。

2）"使用相机高宽比例"：在至少定义了一个相机时可用。

3）"自定义高宽比例"：选择或键入新的比例。调整此比例可以在输出中使用不同的视野显示模型。

（4）画面信息：

1）"每秒的画面"：为每秒的画面输入数值。

2）"整个动画"：保存整个动画。

3）"时间范围"：要保存部分动画，可选择时间范围并输入开始和结束数值的秒数（例如 3.5～15）。

8.9 训练实例

本节通过生成深沟球轴承装配体模型的全过程（零件创建、装配模型、模型分析），全面复习前面章节中的内容。深沟球轴承包括 4 个基本零件：轴承外圈、轴承内圈、滚动体和保持架。图 8-35 所示为深沟球轴承的装配体模型及爆炸视图。

图8-35 深沟球轴承的装配体模型及爆炸视图

8.9.1 轴承外圈

本案例视频内容："X：\动画演示\第 8 章\轴承外圈.avi"。

1．建立新的零件文件

单击"新建"按钮，或选择"文件"→"新建"命令，新建一个零件文件。

2．生成旋转基体特征

（1）绘制草图。

1）单击"草图绘制"按钮，新建一张草图。默认情况下，新的草图在前视基准面上打开。

2）利用草图绘制工具绘制生成基体旋转特征的草图轮廓并标注尺寸，如图 8-36 所示。

（2）创建旋转特征。

1）单击"特征"控制面板上的"旋转凸台/基体"按钮。

2）在"旋转"属性管理器中设置旋转类型为"给定深度"，在微调框中设置旋转角度为360°。

3）单击按钮，生成旋转特征，如图 8-37 所示。

3．生成圆角特征

1）单击"特征"控制面板上的"圆角"按钮。

2）选中要添加圆角特征的边，将圆角半径设置为2mm。

3）单击按钮，生成圆角特征，如图 8-38 所示。

图8-36 旋转轮廓草图

图8-37 旋转特征

4. 创建基准面

1）在 FeatureManager 设计树中选择右视基准面，然后单击"参考几何体"工具栏上的基准面按钮。

2）在"基准面"属性管理器中设置右视基准面为基准面1，如图 8-39 所示。

5. 保存文件

单击"保存"按钮，将零件保存为"轴承外圈.sldprt"。

图8-38 生成圆角特征

图8-39 设置基准面1

8.9.2 轴承内圈

轴承内圈与轴承外圈的生成过程完全一样，这里不再赘述，最后得到的轴承内圈如图 8-40 所示。

本案例视频内容："X：\动画演示\第 8 章\轴承内圈.avi"。

图8-40 轴承内圈

8.9.3　滚动体

滚动体实际上是一个子装配体，首先制作该子装配体中用到的零件——滚珠。

本案例视频内容："X：\动画演示\第8章\滚珠.avi"。

1．建立新的零件文件

单击"新建"按钮📄，或选择"文件"→"新建"命令，新建一个零件文件。

2．生成基体旋转特征

（1）绘制草图。

1）单击"草图绘制"按钮🔲，新建一张草图。默认情况下，新的草图在前视基准面上打开。

2）利用草图绘制工具绘制生成基体旋转特征的草图轮廓并标注尺寸，如图8-41所示。

（2）创建旋转特征。

1）单击"特征"控制面板上的"旋转凸台/基体"按钮🍥。

2）在"旋转"属性管理器中设置旋转类型为"给定深度"，在🔩微调框中设置旋转角度为360°。

3）单击按钮✔，生成旋转特征，如图8-42所示。

3．创建基准轴

1）选择FeatureManager设计树中前视基准面，单击"草图绘制"按钮🔲，再建立一张草图。

2）绘制一条通过原点的竖直直线。单击"草图绘制"按钮🔲，退出草图的编辑状态。

3）选择步骤2）中绘制的直线，然后单击"参考几何体"工具栏上的"基准轴"按钮✏，将该直线设置为基准轴1。

4．保存文件

单击"保存"按钮💾，将零件保存为滚珠.sldprt。最后的效果如图8-43所示。

图8-41 绘制轮廓　　　　　图8-42 生成旋转特征　　　　　图8-43 滚珠

8.9.4　滚动体装配

下面利用滚珠制作滚动体。

本案例视频内容："X：\动画演示\第8章\滚动体装配.avi"。

1．建立新的体装配文件

单击"新建"按钮📄，或选择"文件"→"新建"命令新建一个装配体文件。

2．插入零件

1）选择"窗口"→"横向平铺"命令，将滚珠和装配体平铺在窗口中。

2）将滚珠拖动到装配体窗口中，当鼠标指针变为 形状时释放鼠标，如图8-44所示。

图8-44 载入零件滚珠

3）选择图形区域中的竖直线，将其设置为基准轴。

3．生成圆周阵列特征

选择FeatureManager设计树中上视基准面，将其设置为基准面1。

1）选择"插入"→"零部件阵列"→"圆周阵列"命令。

2）在弹出的"圆周阵列"属性管理器中单击图标 右侧的显示框，然后在图形区域中选择竖直线，将其设置为基准轴。

3）在 微调框中指定阵列的零件数（包括原始零件特征），此处指定10个阵列零件。此时在图形区域中可以预览阵列的效果。

4）单击"要阵列的零部件"显示框，然后在FeatureManager设计树中或图形区域中选择作为滚动体的滚珠。

5）选择"等间距"复选框，则总角度将默认为360°，所有的阵列特征将等角度均匀分布，如图8-45所示。

6）单击按钮 ，生成零件的圆弧阵列，如图8-46所示。

图8-45 指定阵列零件的个数与间距　　　　　　　　图8-46 生成零件圆弧阵列

4．保存文件

单击"保存"按钮 ，将装配体保存为"滚动体.sldasm"。

8.9.5 保持架

保持架是整个装配体模型的重点和难点。保持架也是在零件（滚珠.sldprt）的基础上制作的，只是保持架仍然是零件而非子装配体。

本案例视频内容："X：\动画演示\第8章\保持架.avi"。

1. 建立新的零件文件

（1）打开文件"滚珠.sldprt"。

（2）选择"文件"→"另存为"命令，将其另存为"保持架.sldprt"。

2. 生成基体拉伸特征

（1）绘制草图。

1）重新定义滚珠的直径为14mm。

2）选择 FeatureManager 设计树中的上视基准面，单击"草图绘制"按钮，再建立一张草图。

3）绘制一个以原点为圆心的圆并标注尺寸，如图8-47所示。

（2）创建拉伸特征。

1）单击"特征"控制面板上的"拉伸凸台/基体"按钮。

2）在"凸台-拉伸"属性管理器中设置拉伸类型为"两侧对称"，拉伸深度为4mm。

3）单击按钮，生成拉伸特征，如图8-48所示。

图8-47 绘制草图　　　　　　　　　图8-48 生成拉伸特征

3. 生成圆周阵列特征

1）单击"特征"控制面板上的"圆周阵列"按钮。

2）在"圆周阵列"属性管理器中设置阵列的特征为旋转，即滚珠。

3）设置阵列数为10，阵列轴为基准轴1。

4）单击按钮，生成圆周阵列特征，如图8-49所示。

4. 生成基体拉伸切除特征

（1）绘制草图。

1）选择生成的凸台平面，单击"草图绘制"按钮，在其上建立新的草图。

2）绘制一个直径为106mm的圆。

（2）创建拉伸切除特征。

1）单击"特征"控制面板上"拉伸切除"按钮。

2）在"切除-拉伸"属性管理器中设置切除类型为"两侧对称"、深度为17mm。

3）选择"反侧切除"复选框。

4）单击按钮，生成拉伸切除特征，如图8-50所示。

5. 生成其余的基体拉伸切除特征

仿照步骤4，生成另一个拉伸切除特征，如图8-51所示。

6. 生成基体拉伸切除特征

（1）绘制草图。

图8-49 生成圆周阵列　　　　　　　　　图8-50 生成拉伸切除特征

1）在 FeatureManager 设计树中选择右视基准面，单击"草图绘制"按钮⌐，在其上建立新的草图。

图8-51 生成另一个拉伸切除特征

2）绘制一个以原点为圆心、直径为 10mm 的圆。

（2）创建拉伸切除特征。

1）单击"特征"控制面板上"拉伸切除"按钮◎。

2）在"切除-拉伸"属性管理器中设置切除类型为"完全贯穿"。

3）单击按钮✔，生成拉伸切除特征，即生成孔，如图 8-52 所示。

7. 生成圆周阵列特征

1）单击"特征"控制面板上的"圆周阵列"按钮❖。

2）在"圆周阵列"属性管理器中设置阵列的特征为在步骤 6 中生成的切除特征。

3）设置阵列数为 10、阵列轴为基准轴 1。

4）单击按钮✔，生成圆周阵列特征，如图 8-53 所示。

5）将上视基准面设置为基准面 1，以备将来装配之用。

8. 保存文件

单击"保存"按钮💾，将零件保存为保持架.sldprt，最后的效果如图 8-54 所示。

图8-52 应用拉伸切除特征生成孔　　　　　图8-53 生成圆周阵列特征

图8-54 保持架

8.9.6 装配零件

前面已经创建了深沟球轴承的内外圈、滚动体和保持架，下面将为这些零件添加装配体约束，将它们装配为完整的部件，并生成爆炸视图。

本案例视频内容："X：\动画演示\第8章\轴承装配体.avi"。

1. 建立新的装配体文件

单击"新建"按钮 🗋，或选择"文件"→"新建"命令，新建一个装配体文件。

2. 插入零件

1）在打开的"开始装配体"属性管理器中单击"浏览"按钮，在打开的"打开"对话框中找到零件"轴承外圈.sldprt"，将其打开。

2）将零件"轴承外圈.sldprt"插入到装配体中，当鼠标指针变为 形状时释放鼠标。使轴承外圈的基准面和装配体基准面重合。

3）将轴承内圈、保持架和滚动体插入到装配体中，如图8-55所示。

图8-55 载入零部件后的装配体

3. 装配保持架和滚动体

1）单击"装配体"工具栏上的"配合"按钮 ◈。

2）在图形区域中选择保持架的轴线和滚动体的轴线。

3）在"配合"属性管理器中选择配合类型为重合 ⅄。

4）单击按钮 ✔，完成该配合。此时的图形如图8-56所示。

5）选择保持架上的右视基准面和滚动体上的右视基准面，为它们添加"重合"配合关系。

6）单击按钮 ✔，完成该配合。

7）选择保持架上的上视基准面和滚动体上的上视基准面，为它们添加"重合"配合关系。

8）单击按钮 ✔，完成该配合，如图8-57所示。

图8-56 完成轴线配合

图8-57 完成滚动体与保持架的配合

9）单击等轴测按钮 ▣，以等轴测视图观看模型。

10）单击"装配体"工具栏上的"旋转零部件"按钮 ☃，将配合好的保持架和滚动体旋转到合适的角度。

4．装配保持架和轴承内、外圈

1）单击"装配体"工具栏上的"配合"按钮 。

2）选择保持架上的边线和轴承内圈的边线，为它们添加"同轴心"配合关系，如图 8-58 所示。

3）选择保持架上的上视基准面和轴承内圈的右视基准面。为它们添加"重合"配合关系。单击按钮✓，完成配合。

4）选择轴承外圈的边线和轴承内圈的边线，为它们添加"同轴心"关系。单击按钮✓，完成配合。

5）选择轴承外圈的基准面 1 和轴承内圈的右视基准面，为它们添加"重合"关系。单击按钮✓，完成配合。

6）将基准面和轴隐藏起来，最后的装配效果如图 8-59 所示。

图8-58 添加"同轴心"配合关系   图8-59 轴承的装配效果

5．保存文件

单击"保存"按钮 🖳，将零件保存为"轴承装配体 .sldasm"。

8.10　上机操作

装配如图 8-60 所示的盒子。

本案例视频内容："X：\动画演示\第 8 章\上机操作\盒子.avi"。

⚠️操作提示：

1. 新建文件

在"新建文件"对话框中选择装配体图标，进入装配体模式。

2. 导入文件

1）导入下盖。在打开的"开始装配体"属性管理器中单击"浏览"按钮，在打开的对话框中找到"下盖"文件，单击"打开"按钮导入文件，如图 8-61 所示，在装配体界面任意位置单击鼠标左键放置。

2）导入上盖。单击"装配体"工具栏中的"插入零部件"选项，在打开的对话框中找到"上盖"文件，单击"打开"按钮导入文件，如图 8-62 所示，在装配体界面任意位置单击鼠标左键放置。结果如图 8-63 所示。

图8-60 盒子装配体   图8-61 下盖   图8-62 上盖

图8-63 导入上、下盖

3. 装配

1）单击"装配体"工具栏中的"配合"选项，选取图 8-64 中的面 1 和面 2，设置配合条件为"重合"，单击 "确定"按钮，完成配合，结果如图 8-65 所示。

图8-64 配合平面   图8-65 配合结果

2）选取图 8-66 中的面 1 和面 2，设置配合条件为"重合"，单击"确定"按钮，完成配合，结果如图 8-67 所示。

3）选取图 8-68 中的面 1 和面 2，配合条件为"重合"，单击"确定"按钮，完成配合，结果如图 8-69 所示。

4. 零件透明显示

在 FeatureManager 设计树中选中下盖,右键单击弹出的快捷菜单中选择"更改透明度",将零件透明化;对上盖进行相同操作。零件透明显示的结果如图 8-70 所示。

图8-66 配合平面

图8-67 配合结果

图8-68 配合平面

图8-69 配合结果

图8-70 零件透明显示

8.11 思考练习

创建如图 8-71 所示的手柄轴组件装配图。各零件图如图 8-72 所示。

图8-71 手柄轴组件装配图

a）底座   b）手柄   c）圆柱杆   d）平键

图8-72 零件图

第 **9** 章

生成工程图

　　工程设计中的工程图是用来指导生产的主要技术文件，它通过一组具有规定表达方式且标注了尺寸、表面粗糙度符号及公差配合的二维多面正投影图来指导机械加工。SOLIDWORKS 可以使用二维几何绘制生成工程图，也可将三维零件图或装配体图转变成二维工程图，然后通过增加相关注解完成整体工程图的设计。

- ◎ 工程图的生成方法
- ◎ 定义图纸格式
- ◎ 标准三视图的生成
- ◎ 模型视图的生成
- ◎ 派生视图的生成
- ◎ 操作视图
- ◎ 注解的标注
- ◎ 分离工程图

9.1 工程图的生成方法

默认情况下，SOLIDWORKS 系统在工程图和零件或装配体三维模型之间提供全相关的功能，全相关意味着无论什么时候修改零件或装配体的三维模型，所有相关的工程视图将自动更新，以反映零件或装配体的形状和尺寸变化；反之，当在一个工程图中修改一个零件或装配体尺寸时，系统也将自动地将相关的其他工程视图及三维零件或装配体中的相应尺寸加以更新。

在安装 SOLIDWORKS 时，可以设定工程图与三维模型间的单向链接关系，这样当在工程图中对尺寸进行修改时，三维模型并不更新。如果要改变此选项的话，只有重新安装一次软件。

此外，SOLIDWORKS 系统提供了多种类型的图形文件输出格式，包括最常用的 DWG 和 DXF 格式以及其他几种常用的标准格式。

工程图包含一个或多个由零件或装配体生成的视图。在生成工程图之前，必须先保存与它有关的零件或装配体的三维模型。

要生成新的工程图，可做如下操作：

1）单击标准工具栏上的"新建"按钮 □，或选择"文件"→"新建"命令。

2）在"新建 SOLIDWORKS 文件"对话框中选择"工程图"图标，如图 9-1 所示。

图9-1 选择"工程图"图标

3）单击"确定"按钮，关闭对话框。

4）单击左下角"添加图纸"按钮 ，打开"图纸格式/大小"对话框，在弹出的"图纸格式/大小"对话框（见图 9-2）中选择图纸格式。

① "标准图纸大小"：在下拉列表框中选择一个标准图纸大小的图纸格式。

② "自定义图纸大小"：在"宽度"和"高度"输入框中输入设置图纸大小的数值。

如果要选择已有的图纸格式，则单击"浏览"按钮，导航到所需的图纸格式文件。

5）单击"确定"按钮，进入工程图编辑状态。

工程图窗口（见图 9-3）中也包括设计树，它与零件和装配体窗口中的设计树相似，包括项目层次关系的清单。每张图纸有一个图标，每张图纸下有图纸格式和每个视图的图标。项目图标旁边的符号 ⊞ 表示它包含相关的项目，单击它将展开所有的项目并显示其内容。

标准视图包含视图中显示的零件和装配体的特征清单。派生的视图（如局部视图或剖视图）包含不同的特定视图的项目（如局部视图图标和剖切线等）。

图9-2 选择图纸格式

图9-3 工程图窗口

工程图窗口的顶部和左侧有标尺，标尺会报告图纸中光标的位置。选择"视图"→"用户界面"→"标尺"命令可以打开或关闭标尺。

如果要放大到视图，可右键单击 FeatureManager 设计树中的视图名称，在弹出的快捷菜单中选择"放大所选范围"命令。

用户可以在 FeatureManager 设计树中重新排列工程图文件的顺序，在图形区域中拖动工程图到指定的位置。

工程图文件的扩展名为.slddrw。新工程图使用所插入的第一个模型的名称。保存工程图时，模型名称作为默认文件名出现在"另存为"对话框中，并带有扩展名.slddrw。

9.2 定义图纸格式

SOLIDWORKS 提供的图纸格式不符合任何标准，用户可以自定义工程图纸格式以符合本单位的标准格式。

要定义工程图纸格式，可做如下操作：

1）右键单击工程图纸上的空白区域，或者右键单击 FeatureManager 设计树中的图纸格式图标。

2）在弹出的快捷菜单中选择"编辑图纸格式"命令。

3）双击标题栏中的文字即可修改文字。同时在"注释"属性管理器的"文字格式"栏（见图9-4）中可以修改对齐方式、文字旋转角度和字体等属性。

图9-4 "注释"属性管理器

4）如果要移动线条或文字，可单击该项目后将其拖动到新的位置。

5）如果要添加线条，则单击"草图"操作面板上的"直线"按钮，然后绘制线条。

6）在 FeatureManager 设计树中右键单击图纸图标，在弹出的快捷菜单中选择"属性"命令。

7）在弹出的"图纸属性"对话框（见图9-5）中进行如下设置：

①在"名称"文本框中输入图纸的标题。

②在"标准图纸大小"下拉列表框中选择一种标准纸张（如 A4、B5 等）。如果选择了"自定义图纸大小"，则在下面的"宽度"和"高度"文本框中指定纸张的大小。

③在"比例"文本框中指定图纸上所有视图的默认比例。

8）单击"浏览"按钮可以使用其他图纸格式。

①在"投影类型"栏中选择"第一视角"或"第三视角"。

②在"下一视图标号"文本框中指定下一个视图要使用的英文字母代号。

图9-5 "图纸属性"对话框

③在"下一基准标号"文本框中指定下一个基准标号要使用的英文字母代号。

如果图纸上显示了多个三维模型文件，可在"使用模型中此处显示的自定义属性值"下拉列表框中选择一个视图，工程图将使用该视图包含模型的自定义属性。

9）单击"确定"按钮，关闭对话框。

要保存图纸格式，可做如下操作：

1）选择"文件"→"保存图纸格式"命令，系统会弹出"保存图纸格式"对话框，如图 9-6 所示。

2）如果要替换 SOLIDWORKS 提供的标准图纸格式，则勾选"标准图纸格式"单选按钮，然后在下拉列表框中选择一种图纸格式，单击"确定"按钮，图纸格式将被保存在<安装目录>\data 下。

3）如果要使用新的名称保存图纸格式，则勾选"用户图纸格式"单选按钮，单击"浏览"按钮，选择图纸格式保存的目录，然后输入图纸格式名称即可。

4）单击"保存"按钮，关闭对话框。

图9-6 "保存图纸格式"对话框

9.3 标准三视图的生成

在创建工程图前,应根据零件的三维模型考虑和规划零件视图,如工程图由几个视图组成,是否需要剖视图等,考虑清楚后,再进行零件视图的创建工作,否则,可能创建的视图不能很好地表达零件的空间关系,给其他用户识图、看图造成困难。

标准三视图是指从三维模型的前视、右视、上视 3 个正交角度投影生成的 3 个正交视图,如图 9-7 所示。

图9-7 标准三视图

在标准三视图中,主视图与俯视图及侧视图有固定的对齐关系。俯视图可以竖直移动,侧视图可以水平移动。SOLIDWORKS 生成标准三视图的方法有多种,这里只介绍常用的两种方法。

用标准方法生成标准三视图的操作如下：

1）打开零件或装配体文件，或打开包含所需模型视图的工程图文件。

2）新建一张工程图。

3）单击"视图布局"控制面板上的"标准三视图"按钮，或选择"插入"→"工程图视图"→"标准三视图"命令。此时鼠标指针变为形状。

4）在"标准三视图"属性管理器的"信息"栏中提供了3种选择模型的方法：

①选择一个包含模型的视图。

②从另一窗口的设计树中选择模型。

③从另一窗口的图形区域中选择模型。

5）选择"窗口"命令，进入到零件或装配体文件中。

6）利用步骤 4）中的一种方法选择模型，系统会自动回到工程图文件中，并将三视图放置在工程图中。

如果不打开零件或装配体模型文件，用标准方法生成标准三视图的操作如下：

1）新建一张工程图。

2）单击"工程图" 控制面板上的"标准三视图"按钮，或选择"插入"→"工程图视图"→"标准三视图"命令。

3）在弹出的"标准三视图"属性管理器中浏览到所需的模型文件，单击"打开"按钮，标准三视图便会放置在图形区域中。

利用 Internet Explorer 中的超文本链接生成标准三视图的操作如下：

1）新建一张工程图。

2）在 Internet Explorer（6.0 或更高版本）中导航到包含 SOLIDWORKS 零件文件超文本链接的位置。

3）将超文本链接从 Internet Explorer 窗口拖动到工程图窗口中。

4）在出现的"另存为"对话框中保存零件模型到本地硬盘中。同时零件的标准三视图也被添加到工程图中。

9.4　模型视图的生成

标准三视图是最基本也是最常用的工程图，但是它所提供的视角十分固定，有时不能很好地描述模型的实际情况。SOLIDWORKS 提供的模型视图解决了这个问题。通过在标准三视图中插入模型视图，可以从不同的角度生成工程图。

要插入模型视图，可做如下操作：

1）单击"视图布局"控制面板上的"模型视图"按钮，或选择"插入"→"工程图视图"→"模型"命令。

2）和生成标准三视图中选择模型的方法一样，在零件或装配体文件中选择一个模型。

3）当回到工程图文件中时，鼠标指针变为形状，用鼠标拖动一个视图方框表示模型视图的大小。

4）在"模型视图"属性管理器的"方向"栏中选择视图的投影方向。

5）在工程图中放置模型视图，如图9-8所示。

6）如果要更改模型视图的投影方向，则单击"方向"栏中的视图方向。

7）如果要更改模型视图的显示比例，则选择"使用自定义比例"复选框，然后输入显示比例。

8）单击按钮✔，完成模型视图的插入。

图9-8 放置模型视图

9.5 派生视图的生成

派生视图是指从标准三视图、模型视图或其他派生视图中派生出来的视图，包括剖面视图、辅助视图、局部视图和投影视图等。

9.5.1 剖视图

剖视图是指用一条剖切线分割工程图中的一个视图，然后从垂直于生成的剖面方向投影得到的视图，如图 9-9 所示。

要生成一个剖视图，可做如下操作：

1）打开要生成剖视图的工程图。

2）单击"视图布局"控制面板上的"剖视图"按钮➡，或选择"插入"→"工程图视图"→"剖视图"命令。

3）弹出"剖面视图辅助"属性管理器，如图 9-10 所示。在该属性管理器中选择切割线类型，生成的剖视图如图 9-11 所示。

投影方向

被分割的工程图

剖切线

剖面视图，剖切区域显示为
剖面线

A-A

图9-9 剖面视图举例

4）将切割线放置在视图中要剖切的位置，系统会在垂直于剖切线的方向出现一个方框，表示剖视图的大小。拖动这个方框到适当的位置，释放鼠标，即可将剖切视图放置在工程图中。

5）在"剖面视图"属性管理器中设置选项。

图9-10 "剖面视图辅助"属性管理器　　　图9-11 剖视图

如果选择"反转方向"按钮 反转方向(L)，则会反转剖切的方向。

在微调框中指定与剖面线或剖视图相关的字母。

如果剖面线没有完全穿过视图，选择"部分剖面"复选框将会生成局部剖视图。

如果选择"只显示切面"复选框，则只有被剖面线切除的曲面才会出现在剖视图上。

"使用自定义比例"复选框用来定义剖视图在工程图中的显示比例。

6）单击按钮✔，完成剖视图的插入。

9.5.2 投影视图

投影视图是通过从正交方向对现有视图投影生成的视图，如图 9-12 所示。

要生成投影视图，可做如下操作：

1）单击"视图布局"控制面板上的"投影视图"按钮🖳，或选择"插入"→"工程图视图"→"投影视图"命令。

2）在工程图中选择一个要投影的工程视图。

3）系统将根据光标在所选视图的位置决定投影方向。可以从所选视图的上、下、左、右四个方向生成投影视图。

4）系统会在投影的方向出现一个方框，表示投影视图的大小。拖动这个方框到适当的位置，释放鼠标，即可将投影视图放置在工程图中。

5）单击按钮✔，生成投影视图。

图9-12 投影视图举例

9.5.3 辅助视图

辅助视图类似于投影视图，它的投影方向垂直于所选视图的参考边线，如图 9-13 所示。

图9-13 辅助视图举例

要插入辅助视图，可做如下操作：

1）单击"视图布局"控制面板上的"辅助视图"按钮❖，或选择"插入"→"工程图视图"→"辅助视图"命令。

2）选择要生成辅助视图的工程视图上的一条直线作为参考边线，参考边线可以是零件的边线、侧影轮廓线、轴线或所绘制的直线。

3）系统会在与参考边线垂直的方向出现一个方框，表示辅助视图的大小，拖动这个方框到适当的位置，释放鼠标，即可将辅助视图放置在工程图中。

4）在"辅助视图"属性管理器（见图 9-14）中设置选项。

在名称微调框中指定与剖面线或剖视图相关的字母。

如果选择"反转方向"复选框，则会反转剖切的方向。

5）单击按钮 ✔，生成辅助视图。

图9-14 "辅助视图"属性管理器

📖9.5.4 局部视图

可以在工程图中生成一个局部视图，来放大显示视图中的某个部分，如图 9-15 所示。局部视图可以是正交视图、三维视图或剖视图。

图9-15 局部视图

要生成局部视图，可做如下操作：

1）打开要生成局部视图的工程图。

2）单击"视图布局"控制面板上的"局部视图"按钮 🅐，或选择"插入"→"工程图视图"→"局部视图"命令。

3）草图绘制工具栏上的圆按钮 ⊙ 被激活。利用它在要放大的区域绘制一个圆。

4）系统会出现一个方框，表示局部视图的大小。拖动这个方框到适当的位置，释放鼠标，则局部视图放置在工程图中。

5）在"局部视图 I"属性管理器（见图9-16）中设置选项。

图9-16 "局部视图1"属性管理器

① "样式" 🅐：在该下拉列表框中选择局部视图图标的样式，有"依照标准""断裂圆""带引线""无引线"和"相连"5种样式。

② "名称" 🅐：在此文本框中输入与局部视图相关的字母。

如果选择了"局部视图"栏中的"完整外形"复选框，系统会显示局部视图中的轮廓外形。

如果选择了"局部视图"栏中的"钉住位置"复选框，则在改变派生局部视图的视图大小时，局部视图将不会改变大小。

如果选择了"局部视图"栏中的"缩放剖面线图样比例"复选框，将根据局部视图的比例来缩放剖面线图样的比例。

6）单击按钮 ✔，生成局部视图。

此外，局部视图中的放大区域还可以是其他任何的闭合图形。方法是首先绘制用作放大区域的闭合图形，然后再单击局部视图按钮 🅐，其余的步骤与前面生成局部视图的相同。

📖9.5.5 断裂视图

工程图中有一些截面相同的长杆件（如长轴、螺纹杆等），这些零件在某个方向的尺寸比其他方向的尺寸大很多，而且截面没有变化，因此可以利用断裂视图将零件用较大比例显示在工程图上，如图 9-17 所示。

要生成断裂视图，可做如下操作：

1）选择要生成断裂视图的工程视图。

2）选择"插入"→"工程图视图"→"断裂视图"命令。此时两条折断线出现在视图中。可以添加多组折断线到一个视图中，但所有折断线必须为同一个方向。

3）将折断线拖动到希望生成断裂视图的位置。

此时，折断线之间的工程图都被删除，折断线之间的尺寸变为悬空状态。如果要修改折断线的形状，可右键单击折断线，在弹出的快捷菜单中选择一种折断线样式，如直线切断、曲线切断、锯齿线切断和小锯齿线切断。

图9-17 断裂视图

9.6 操作视图

在 9.5 节中的派生工程视图中，许多视图的生成位置和角度都受到其他条件的限制（如辅助视图的位置与参考边线相垂直）。有时，用户需要自己任意调节视图的位置和角度以及显示和隐藏，SOLIDWORKS 就提供了这项功能。此外，SOLIDWORKS 还可以更改工程图中的线型、线条颜色等。

9.6.1 移动和旋转视图

鼠标移到视图边界上时，鼠标指针变为 形状，表示可以拖动该视图。如果移动的视图与其他视图没有对齐或约束关系，可以拖动它到任意的位置。

如果视图与其他视图之间有对齐或约束关系，若要任意移动视图应做如下操作：

1）单击要移动的视图。

2）选择"工具"→"对齐工程图视图"→"解除对齐关系"命令。

3）单击该视图，即可以拖动它到任意的位置。

SOLIDWORKS 提供了两种旋转视图的方法：一种是绕着所选边线旋转视图，另一种是绕视图中心点以任意角度旋转视图。

绕边线旋转视图的操作步骤如下：

1）在工程图中选择一条直线。

2）选择"工具"→"对齐工程图视图"→"水平边线"或"工具"→"对齐工程图视图"→"竖直边线"命令。

3）视图将旋转，直到所选边线为水平或竖直状态，如图9-18所示。

4）使用以下方法旋转视图：单击"视图前导"工具栏中的"旋转"按钮 C ，在弹出的"旋转工程视图"对话框中的"工程视图角度"文本框中输入旋转的角度，如图9-19所示。

所选边线

旋转为水平状态

图9-18 旋转视图

5）使用鼠标直接旋转视图。如果在"旋转工程视图"对话框中选择了"相关视图反映新的方向"复选框，则与该视图相关的视图将随着该视图的旋转做相应的旋转。

6）如果选择了"随视图旋转中心符号线"复选框，则中心符号线将随视图一起旋转。

9.6.2 显示和隐藏

在编辑工程图时，可以使用"隐藏视图"命令来隐藏一个视图。隐藏视图后，可以使用"显示视图"命令再次显示此视图。当用户隐藏了具有从属视图（如局部、剖面或辅助视图等）的父视图时，可以选择是否一并隐藏这些从属视图。再次显示父视图或其中一个从属视图时，同样可选择是否显示相关的其他视图。

要隐藏或显示视图，可做如下操作：

1）在 FeatureManager 设计树或图形区域中右键单击要隐藏的视图。

2）在弹出的快捷菜单中选择"隐藏"命令，如果该视图有从属视图（局部、剖视图等），将弹出如图9-20所示的对话框。

图9-19 "旋转工程视图"对话框

图9-20 提示信息

3）单击"是"按钮，将会隐藏其从属视图。单击"否"将只隐藏该视图。此时，视图被隐藏起来。当鼠标移动到该视图的位置时，将只显示该视图的边界。

4）如果要再次显示被隐藏的视图，则右键单击被隐藏的视图，在弹出的快捷菜单中选择 "显示视图"命令。

9.6.3 更改零部件的线型

在装配体中为了区别不同的零件，可以改变每一个零件边线的线型。

要改变零件边线的线型，可做如下操作：

1）在工程视图中右键单击要改变线型的零件中的任一视图。

2）在弹出的快捷菜单中选择"零部件线型"命令，系统弹出"零部件线型"对话框。

3）消除选择"使用文档默认值"复选框，如图9-21所示。

4）在"边线类型"列表框中选择一个边线样式。

5）在对应的"线条样式"和"线粗"下拉列表框中选择线条样式和线条粗细。

6）重复步骤4）、5），直到为所有的边线类型设定完毕线型。

7）如果勾选"从选择"单选按钮，则会将此边线类型设定应用到该零件视图和它的从属视图中。

8）如果勾选"所有视图"单选按钮，则将此边线类型设定应用到该零件的所有视图。

9）如果零件在图层中，可以在"图层"下拉列表框中改变零件边线的图层。

10）单击"确定"按钮，关闭对话框，边线类型设定完毕。

9.6.4 图层

图层是一种管理素材的方法。可以将图层看作是重叠在一起的透明塑料纸，假如某一图层上没有任何可视元素，就可以透过该层看到下一层的图像。用户可以在每个图层上生成新的实体，然后指定实体的颜色、线条粗细和线型。还可以将标注尺寸、注解等项目放置在单一图层上，避免它们与工程图实体之间的干涉。SOLIDWORKS 还可以隐藏图层，或将实体从一个图层上移动到另一图层。

要建立图层，可做如下操作：

1）选择"视图"→"工具栏"→"图层"命令，打开"图层"工具栏，如图9-22所示。

图9-21 "零部件线型"对话框

图9-22 "图层"工具栏

2）单击"图层属性"按钮，打开"图层"对话框。

3）在"图层"对话框中单击"新建"按钮，则在对话框中建立一个新的图层，如图9-23所示。

4）双击"名称"栏中指定图层的名称。

5）双击"说明"栏，然后输入该图层的说明文字。

6）在"开关"栏中有一个灯泡图标，要隐藏该图层，可双击该图标，此时灯泡变为灰色，则图层上的所有实体都被隐藏起来。要重新打开该图层，再次双击该灯泡图标即可。

7）如果要指定图层上实体的线条颜色，可单击"颜色"栏，在弹出的"颜色"对话框（见图9-24）中选择颜色。

8）如果要指定图层上实体的线条样式或厚度，则单击"样式"或"厚度"栏，然后从弹出的清单中选择想要的样式或厚度。

图9-23 "图层"对话框

图9-24 "颜色"对话框

9）如果建立了多个图层，可以使用"移动"按钮来重新排列图层的顺序。

10）单击"确定"按钮，关闭对话框。

建立了多个图层后，只要在"图层"工具栏中的图层下拉列表框中选择图层，就可以导航到任意的图层。

9.7 注解的标注

如果在三维零件模型或装配体中添加了尺寸、注释或符号，则在将三维模型转换为二维工程图的过程中，系统会将这些尺寸、注释等一起添加到图纸中。在工程图中，用户可以添加必要的参考尺寸、注解等，这些注解和参考尺寸不会影响零件或装配体文件。

工程图中的尺寸标注是与模型相关联的，模型中的更改会反映在工程图中。通常用户会在生成每个零件特征时生成尺寸，然后将这些尺寸插入各个工程视图中。在模型中更改尺寸会更新工程图，反之，在工程图中更改插入的尺寸也会更改模型。用户可以在工程图文件中添加尺寸，但是这些尺寸是参考尺寸，并且是从动尺寸。参考尺寸显示模型的测量值，但并不驱动模型，也不能更改其数值，但是当更改模型时，参考尺寸会相应更新。当压缩特征时，特征的参考尺寸也随之被压缩。默认情况下，插入的尺寸显示为黑色，包括零件或装配体文件中显示为蓝色的尺寸（如拉伸深度），参考尺寸显示为灰色并带有括号。

9.7.1 注释

为了更好地说明工程图，有时要用到注释，如图9-25所示。注释可以包括简单的文字、符号或超文本链接。

要生成注释，可做如下操作：

1）单击"注解"控制面板上的"注释"按钮 **A**，或选择"插入"→"注解"→"注释"

命令。

2）在"注释"属性管理器的"引线"栏中选择引导注释的引线和箭头类型。

3）在"注释"属性管理器的"文字格式"栏中设置注释文字的格式。

4）拖动鼠标到要注释的位置，释放鼠标。

5）在图形区域中键入注释文字，如图 9-26 所示。

6）单击按钮 ✔，完成注释的添加。

图9-25 注释举例

图9-26 添加注释文字

9.7.2 表面粗糙度

表面粗糙度符号用来表示加工表面上的微观几何形状特性。表面粗糙度对于机械零件表面的耐磨性、疲劳强度、配合性能、密封性、流体阻力以及外观质量等都有很大的影响。

要插入表面粗糙度符号，可做如下操作：

1）单击"注解"控制面板上的"表面粗糙度符号"按钮√，或选择"插入"→"注解"→"表面粗糙度符号"命令。

2）在出现的"表面粗糙度"属性管理器中设置表面粗糙度的属性，如图9-27所示。

3）在图形区域中单击，以放置表面粗糙度符号。

4）可以不关闭对话框，设置多个表面粗糙度符号到图形上。

5）单击按钮√，完成表面粗糙度的标注。

图9-27 设置表面粗糙度

9.7.3 形位公差

形位公差（见图 9-28）是机械加工中一项非常重要的基础，尤其在精密机器和仪表的加工中，形位公差是评定产品质量的重要技术指标。它对于在高速、高压、高温、重载等条件下工作的产品零件的精度、性能和寿命等有较大的影响。

要进行形位公差的标注，可做如下操作：

1）单击"注解"控制面板上的"形位公差"按钮，或选择"插入"→"注解"→"形位公差"命令，系统弹出"形位公差"属性对话框。

2）单击"形位公差"属性对话框中的"符号"按钮，打开"属性"对话框，如图9-29所示。在其中选择形位符号，单击"确定"按钮，关闭"属性"对话框。

图9-28 形位公差　　　　　　　　　　　　图9-29 "属性"对话框

3）在"形位公差"选项卡中的"公差"栏中输入形位公差值。

4）设置好的形位公差会在"形位公差"选项卡中显示，如图9-30所示。

5）在图形区域中单击，以放置形位公差。

6）可以不关闭对话框，设置多个形位公差到图形上。

7）单击"确定"按钮，完成形位公差的标注。

图9-30 "形位公差"选项卡

9.7.4 基准特征符号

基准特征符号（见图9-31）用来表示模型平面或参考基准面。

要插入基准特征符号，可做如下操作：

1）单击"注解"控制面板上的"基准特征"按钮，或选择"插入"→"注解"→"基准特征符号"命令。

2）在"基准特征"属性管理器（见图9-32）中设置属性。

3）在图形区域中单击，以放置基准特征符号。

4）可以不关闭对话框，设置多个基准特征符号到图形上。

5）单击按钮✔，完成基准特征符号的标注。

图9-31 基准特征符号　　　　　　　　　图9-32 "基准特征"管理器

9.8 分离工程图

分离格式的工程图无需将三维模型文件装入内存，即可打开并编辑工程图。用户可以将 RapidDraft 工程图传送给其他的 SOLIDWORKS 用户而不传送模型文件。分离工程图的视图在模型的更新方面也有更多的控制。当设计组的设计员编辑模型时，其他的设计员可以独立地在工程图中进行操作并对工程图添加细节及注解。

由于内存中没有装入模型文件，以分离模式打开工程图的时间将大幅缩短。因为模型数据未被保存在内存中，所以有更多的内存可以用来处理工程图数据，这对大型装配体工程图来说是很大的性能改善。

要转换工程图为分离工程图格式，可做如下操作：

1）单击标准工具栏上的"打开"按钮 🗁，或选择"文件"→"打开"命令。

2）在"打开"对话框中选择要转换为分离格式的工程图。

3）单击"打开"按钮，打开工程图。

4）单击"保存"按钮 💾，选择"保存类型"为"分离的工程图"，如图 9-33 所示。保存并关闭文件。

5）打开该工程图，此时工程图已经被转换为分离格式的工程图。

在分离格式的工程图中进行编辑的方法与普通格式的工程图基本相同，这里不再赘述。

9.9 训练实例——底座工程图

本案例视频内容："X：\动画演示\第9章\底座工程图.avi"。

1. 建立新的工程图文件

1）单击"新建"按钮□，或选择"文件"→"新建"命令。在"新建 SOLIDWORKS 文件"对话框中的"模板"选项卡中单击"工程图"图标。单击"确定"按钮，建立一个工程图文件。

图9-33 选择"保存类型"为"分离的工程图"

2）在新建工程图文件的左下角处右键单击"添加图纸"按钮□，打开"图纸格式/大小"对话框，在下拉列表框中选择"A3 横向"。单击"确定"按钮，打开图纸，如图 9-34 所示。

图9-34 图纸格式

2．安排工程视图

单击"视图布局"控制面板中的"模型视图"按钮，打开"模型视图"对话框，在打开的"模型视图"对话框中单击浏览按钮，系统弹出"打开"对话框，在目录下打开目标零件文件"底座.sldprt"。

1）回到工程图的编辑状态。

2）在工程图中的适当位置插入标准三视图，如图9-35所示。

3）单击"视图布局"控制面板上的"剖面视图"按钮🔃，或选择"插入"→"工程图视图"→"剖面视图"命令。

4）在弹出的"剖面视图"属性管理器中选择"水平"切割线↓⁻↑·↓，将其放置在中心圆心处，并使剖切方向朝下。

5）单击按钮✔，完成剖视图的插入，如图9-36所示。

6）单击"视图布局"控制面板上的"模型视图"按钮🖳，或选择"插入"→"工程图视图"→"模型视图"命令。

7）选择零件底座模型，在"模型视图"属性管理器的"方向"栏中选择视图的投影方向为"等轴测"。

8）单击按钮✔，完成模型视图的插入，如图9-37所示。

图9-35 插入标准三视图

图9-36 剖视图

图9-37 模型视图

9）选择"插入"→"模型项目"命令，打开"模型项目"对话框。

10）在该对话框中选择"将项目输入到所有视图"和"消除重复"复选框,如图9-38所示。

11）单击"确定"按钮，关闭对话框。此时尺寸标注被输入到最能清楚体现其所描述特征的视图上。因为在步骤10）中选择了"消除重复"复选框，所以只输入每个尺寸的一个实例。

12）将尺寸拖动到所需的位置。

13）单击"保存"按钮🖫，将工程图文件保存为"底座.slddrw"。最后的效果如图9-39

所示

图9-38 "模型项目"对话框　　　　　　　图9-39 最后的效果

 9.10　上机操作

由油压前缸盖零件图生成图 9-40 所示的工程图。

本案例视频内容："X：\动画演示\第 9 章\上机操作\油压前缸盖工程图.avi"。

操作提示：

1. 新建工程图文件

在"新建文件"对话框中选择工程图图标，进入零件图模式。然后右键单击左下角"添加图纸"按钮，打开"图纸格式/大小"对话框，在下拉列表框中选择"A3 横向"图纸。单击"确定"按钮，打开图纸。

2. 安排工程视图

1）插入正视视图和等轴测视图。在打开的"模型视图"对话框中单击"浏览"按钮，系统弹出"打开"对话框，在目录下找到并打开"油压前缸盖"零件文件。回到工程图的编辑状态，在工程图中的适当位置插入正视视图和等轴测视图，如图 9-41 所示。

2）插入剖视图。单击"视图布局"控制面板上的"剖视图"按钮，或选择"插入"→"工程图视图"→"剖面视图"命令，在属性管理器中选择"对齐"切割线，指定切割线位置。拖动剖视图到如图 9-42 所示的适当位置。

图9-40 油压前缸盖工程图

3. 显示标注尺寸

在"注解"选项卡中单击"模型项目"按钮 ，在正视视图中选取要进行标注的边线，单击"完成"按钮，完成尺寸标注。

图9-41 插入正视视图和等轴测视图

图9-42 剖视图

9.11 思考练习

1. 怎样自定义图纸格式？
2. 怎样建立工程图文件模板？
3. 视图怎样进行对齐？
4. 注解怎样进行对齐？
5. 标准视图和派生视图有什么区别？

第 章

综合实例——平移台

　　本章主要介绍平移台装配体组成零件的绘制方法和装配过程。平移台装配体由底座、前挡板、后挡板、光杠、丝杠、承重台、承物板、后挡板堵盖、承重台堵盖、电动机支架、电动机和手轮等零部件组成。

- ⊙ 底座
- ⊙ 后挡板
- ⊙ 丝杠
- ⊙ 承重台
- ⊙ 承物板
- ⊙ 后挡板堵盖
- ⊙ 装配

10.1 底座

绘制平移台的底座，如图 10-1 所示，首先绘制底座主体轮廓草图并拉伸实体，然后绘制侧边的螺纹连接孔，最后绘制其他部位的连接孔。

本案例视频内容："X：\动画演示\第 10 章\底座.avi"。

1．建立新的零件文件

启动 SOLIDWORKS 2018，执行"文件"→"新建"菜单命令，或者单击标准工具栏中的"新建"按钮 ，在弹出的"新建 SOLIDWORKS 文件"属性管理器中选择"零件"按钮 ，然后单击"确定"按钮，创建一个新的零件文件。

图10-1 平移台底座

2．创建底座主体

（1）绘制草图。

1）在"FeatureManager 设计树"中选择"前视基准面"作为绘制图形的基准面。单击"草图"控制面板中的"边角矩形"按钮 ，绘制一个矩形，使矩形的一个角点在原点。

2）执行"工具"→"标注尺寸"→"智能尺寸"菜单命令，或者单击"草图"控制面板中的"智能尺寸"按钮 ，标注矩形各边的尺寸，结果如图 10-2 所示。

（2）拉伸实体。

1）执行"插入"→"凸台/基体"→"拉伸"菜单命令，或者单击"特征"控制面板中的"拉伸凸台/基体"按钮 ，系统弹出"凸台-拉伸"属性管理器。在"深度" 一栏中输入 12mm，然后单击按钮 。

2）单击"标准视图"控制面板中的"等轴测"按钮 ，将视图以等轴测方向显示，结果如图 10-3 所示。

（3）绘制草图。

1）单击图 10-3 中的面 1，然后单击"视图（前导）"工具栏"视图定向"中的"正视于"按钮 ，将该表面作为绘制图形的基准面。

2）单击"草图"控制面板中的"边角矩形"按钮 ，在上一步设置的基准面上绘制两个矩形。

图10-2 标注尺寸

图10-3 拉伸后的图形

3）单击"草图"控制面板中的"智能尺寸"按钮 ，标注上一步绘制草图的尺寸，结果如图 10-4 所示。

（4）拉伸切除实体。

1）执行"插入"→"切除"→"拉伸"菜单命令，或者单击"特征"控制面板中的"拉伸切除"按钮 ，系统弹出"切除-拉伸"属性管理器。

2）在"深度" 一栏中输入 8mm，然后单击按钮 ，结果如图 10-5 所示。

图10-4 标注尺寸　　　　　　　　图10-5 拉伸切除后的图形

3．创建侧边的连接孔

（1）绘制草图。

1）单击图 10-5 中的面 1，然后单击"视图（前导）"工具栏"视图定向"中的"正视于"按钮 ，将该表面作为绘制图形的基准面。

2）单击"草图"控制面板中的"边角矩形"按钮 ，绘制一个矩形；单击"草图"控制面板中的"3 点圆弧"按钮 ，分别以矩形一个边的两个端点为圆弧的两个端点绘制一个圆弧。

3）单击"草图"控制面板中的"智能尺寸"按钮 ，标注上一步绘制草图的尺寸及其定位尺寸，结果如图 10-6 所示。

4）执行"工具"→"草图绘制工具"→"剪裁"菜单命令，或者单击"草图"控制面板中的"剪裁实体"按钮 ，剪裁图 10-6 中圆弧与矩形的交线，结果如图 10-7 所示。

图10-6 标注尺寸　　　　　　　　图10-7 剪裁后的草图

（2）拉伸切除实体。

1）单击"特征"控制面板中的"拉伸切除"按钮 ，此时系统弹出"切除-拉伸"属性管理器。

2）在"终止条件"的下拉列表中选择"完全贯穿"选项，单击按钮 ，结果如图 10-8 所示。

（3）线性阵列实体。

1）执行"插入"→"阵列/镜像"→"线性阵列"菜单命令，或者单击"特征"控制面板中的"线性阵列"按钮，系统弹出如图 10-9 所示的"线性阵列"属性管理器。

2）在方向 1"边线"一栏中选择图 10-8 中的水平边线，在"间距"一栏中输入 50mm，在"实例数"一栏中输入 7，并调整阵列实体的方向。在方向 2"边线"一栏中，选择图 10-8 中的竖直边线；在"间距"一栏中输入 100mm，在"实例数"一栏中输入 2，并调整阵列实体的方向。选择上步创建的拉伸切除特征为要阵列的特征，单击按钮，结果如图 10-10 所示。

图10-8 拉伸切除后的图形　　　　图10-9 "线性阵列"属性管理器

4．创建其他连接孔

（1）添加柱形沉头孔。

1）单击图 10-10 中后面的表面，然后单击"视图（前导）"工具栏"视图定向"中的"正视于"按钮，将该表面作为绘制图形的基准面。

2）执行"插入"→"特征"→"孔向导"菜单命令，或者单击"特征"控制面板中的"异型孔向导"按钮，系统弹出如图 10-11 所示的"孔规格"属性管理器。

3）按照图 10-11 示进行设置后，单击"位置"按钮，然后单击上一步设置的基准面，添加两个点，作为柱形沉头孔的位置并标注尺寸，结果如图 10-12 所示。单击按钮，结果如图 10-13 所示。

（2）添加螺纹孔。

1）单击图 10-13 中的面 1，然后单击"视图（前导）"工具栏的"视图定向"中的"正视于" 按钮，将该表面作为绘制图形的基准面。

2）单击"特征"控制面板中的"异型孔向导"按钮，此时系统弹出如图 10-14 所示的"孔规格"属性管理器。

图10-11 "孔规格"属性管理器

图10-10 阵列后的图形

图10-12 标注尺寸

图10-13 添加柱形沉头孔

3）按照图 10-14 示进行设置后，单击"位置"按钮，然后单击基准面，添加 4 个点，作为螺纹孔的位置并标注尺寸，结果如图 10-15 所示。单击按钮 ✔，结果如图 10-16 所示。

（3）添加其余的螺纹孔。参考上面的步骤，在底座的另一端添加螺纹孔，孔规格如图 10-14 所示，螺纹孔的位置如图 10-17 所示。单击按钮 ✔，结果如图 10-18 所示。

5. 保存文件

单击"保存"按钮 💾，将零件保存为"底座.sldprt"。最后的效果如图 10-1 所示。

图10-14 "孔规格"属性管理器

图10-15 标注尺寸

图10-16 添加螺纹孔

图10-17 螺纹孔位置

图10-18 添加螺纹孔

10.2 后挡板

绘制平移台的后挡板,如图 10-19 所示。首先绘制后挡板主体轮廓草图并拉伸实体,然后绘制光杠和丝杠的轴孔,最后绘制与底座的连接孔。

本案例视频内容:"X:\动画演示\第 10 章\后挡板.avi"

1. 建立新的零件文件

启动 SOLIDWORKS 2018,执行"文件"→"新建"菜单命令,创建一个新的零件文件。

2. 创建后挡板主体

(1)绘制草图。

图10-19 平移台后挡板

1）在"FeatureManager 设计树"中选择"前视基准面"作为绘制图形的基准面。单击"草图"控制面板中的"边角矩形"按钮 ，以原点为一角点绘制一个矩形。

2）执行"工具"→"标注尺寸"→"智能尺寸"菜单命令，或者单击"草图"控制面板中的"智能尺寸"按钮 ，标注矩形各边的尺寸，结果如图 10-20 所示。

（2）拉伸实体。

1）执行"插入"→"凸台/基体"→"拉伸"菜单命令，或者单击"特征"控制面板中的"拉伸凸台/基体"按钮 ，此时系统弹出"凸台-拉伸"属性管理器。

2）在"深度" 一栏中输入 17.5mm，然后单击按钮 ，结果如图 10-21 所示。

图10-20 标注尺寸

图10-21 拉伸后的图形

3. 创建底座的轴孔

（1）绘制草图。

1）单击图 10-21 中的面 1，然后单击"视图（前导）"工具栏的"视图定向"中的"正视于"按钮 ，将该表面作为绘制图形的基准面。

2）单击"草图"控制面板中的"圆"按钮 ，在上一步设置的基准面上绘制三个圆。

3）单击"草图"控制面板中的"智能尺寸"按钮 ，标注上一步绘制的圆的直径及其定位尺寸，结果如图 10-22 所示。

（2）拉伸切除实体。

1）执行"插入"→"切除"→"拉伸"菜单命令，或者单击"特征"控制面板中的"拉伸切除"按钮 ，此时系统弹出"切除-拉伸"属性管理器。

2）在"终止条件" 的下拉列表中选择"完全贯穿"选项。单击按钮 ，结果如图 10-23 所示。

图10-22 标注尺寸

图10-23 拉伸切除后的图形

（3）绘制草图。

1）单击图 10-23 中的面 1，然后单击"视图（前导）"工具栏的"视图定向"中的"正视于"按钮 ，将该表面作为绘制图形的基准面。

2）单击"草图"控制面板中的"圆"按钮 ，在上一步设置的基准面上绘制一个圆。

3）单击"草图"控制面板中的"智能尺寸"按钮 $\checkmark$ ，标注上一步绘制的圆的直径及其定位尺寸，结果如图 10-24 所示。

（4）拉伸切除实体。

1）单击"特征"控制面板中的"拉伸切除"按钮 ，此时系统弹出"切除-拉伸"属性管理器。

2）在"深度" 一栏中输入 6mm，然后单击按钮 $\checkmark$ ，结果如图 10-25 所示。

4．创建底座的连接孔

1）单击图 10-25 中的面 1，然后单击"视图（前导）"工具栏的"视图定向"中的"正视于"按钮 ，将该表面作为绘制图形的基准面。

图10-24 标注的草图

图10-25 拉伸切除后的图形

2）执行"插入"→"特征"→"孔向导"菜单命令，或者单击"特征"控制面板中的"异型孔向导"按钮 ，此时系统弹出如图 10-26 所示的"孔规格"属性管理器。

3）按照图 10-26 示进行设置后，单击"位置"按钮，然后单击上一步设置的基准面，添加 4 个点，作为柱形沉头孔的位置，并标注尺寸，结果如图 10-27 所示。单击属性管理器中的按钮 $\checkmark$ ，结果如图 10-28 所示。

图 10-26 "孔规格"属性管理器

图 10-27 标注的草图

图 10-28 添加的柱形沉头孔

5．保存文件

单击"保存"按钮，将零件保存为"后挡板.sldprt"。最后的效果如图10-19所示。

10.3 丝杠

绘制平移台的丝杠，如图10-29所示。首先绘制丝杠主体轮廓草图并拉伸实体，然后通过螺旋线绘制丝杠的螺纹，再绘制丝杠两端的轴及
其他部分。

本案例视频内容："X：\动画演示\第 10 章\丝
杠.avi"。

1．建立新的零件文件

启动 SOLIDWORKS 2018，执行"文件"→"新建"
菜单命令，创建一个新的零件文件。

图10-29 丝杠

2．创建丝杠主体

（1）绘制草图。

1）在 "FeatureManager 设计树"中选择"前视基准面"作为绘制图形的基准面。

2）单击"草图"控制面板中的"圆"按钮⊙，以原点为圆心绘制一个直径为10mm 的
圆。

（2）拉伸实体。

1）执行"插入"→"凸台/基体"→"拉伸"菜单命令，或者单击"特征"控制面板
中的"拉伸凸台/基体"按钮⊙，此时系统弹出"凸台-拉伸"属性管理器。

2）在"深度" 一栏中输入 325mm，然后单击按钮✔，结果如图 10-30 所示。

3．创建螺纹

（1）绘制螺旋线草图。

1）单击图 10-30 中圆柱体的左端面，然后单击"视图（前导）"工具栏"视图定向"
中的"正视于"按钮↓，将该表面作为绘制图形的基准面。

2）单击"草图"控制面板中的"圆"按钮⊙，在上一步设置的基准面上以原点为圆
心绘制一个直径为 10mm 的圆。

3）执行"插入"→"曲线"→"螺旋线/涡状线"菜单命令，或者单击"特征"控制
面板中的"螺旋线和涡状线"按钮 ，此时系统弹出如图 10-31 所示的"螺旋线/涡状线"
属性管理器。按照图 10-31 所示进行设置后，单击按钮✔，结果如图 10-32 所示。

（2）绘制截面草图。

1）在"FeatureManager 设计树"中选择"右视基准面"，然后单击"视图（前导）"
工具栏"视图定向"中的"正视于"按钮↓，将该基准面作为绘制图形的基准面。

2）单击"草图"控制面板中的"直线"按钮╱，以螺旋线右上端点为起点绘制一个
梯形螺纹线，结果如图 10-33 所示，然后退出草图绘制状态。

（3）扫描实体。

1）执行"插入"→"凸台/基体"→"扫描"菜单命令，或者单击"特征"控制面板
中的"扫描"按钮 ，此时系统弹出"扫描"属性管理器。

2）在"轮廓" 一栏中选择图10-33中的梯形螺纹线，在"路径" 一栏中选择生成的螺旋线。单击 ✔ 按钮，结果如图10-34所示。

图10-30 拉伸后的图形　　　　　　　图10-31 "螺旋线/涡状线"属性管理器

图10-32 生成螺旋线

图10-33 绘制的梯形螺纹线

4．创建丝杠两端的轴

（1）绘制草图。

1）单击图10-34中的左端面，然后单击"视图（前导）"工具栏的"视图定向"中的"正视于"按钮 ↓，将该表面作为绘制图形的基准面。

2）单击"草图"控制面板中的"圆"按钮 ⊙，在上一步设置的基准面上以原点为圆心绘制一个直径为10mm的圆。

（2）拉伸实体。

1）单击"特征"控制面板中的"拉伸凸台/基体"按钮 🗐，此时系统弹出"凸台-拉伸"属性管理器。

2）在"深度" 🔩 一栏中输入10mm，然后单击按钮 ✔，结果如图10-35所示。

293

图10-34 扫描后的实体   图10-35 拉伸后的实体

5. 创建其余的轴

1）单击图 10-35 中的右端面，然后单击"视图（前导）"工具栏"视图定向"中的"正视于"按钮⬆️，将该表面作为绘制图形的基准面。

2）重复拉伸凸台/基体命令，在右端面绘制一个直径为 18mm，长为 40mm 圆柱体，结果如图 10-36 所示。

3）单击图 10-36 中的右端面，然后单击"视图（前导）"工具栏"视图定向"中的"正视于" ⬆️，将该表面作为绘制图形的基准面。

4）重复拉伸凸台/基体命令，在右端面绘制一个直径为 8mm，长为 70mm 圆柱体，结果如图 10-37 所示。

6. 保存文件

单击"保存"按钮🖫，将零件保存为"丝杠.sldprt"。最后的效果如图 10-29 所示。

图10-36 拉伸后的实体   图10-37 拉伸后的实体

10.4　承重台

绘制平移台的承重台，如图 10-38 所示。首先绘制承重台主体轮廓草图并拉伸实体，然后绘制与丝杠连接部分，并在相应的位置添加螺纹孔。

本案例视频内容："X:\动画演示\第 10 章\承重台.avi"

1. 建立新的零件文件

启动 SOLIDWORKS 2018，执行"文件"→"新建"菜单命令，创建一个新的零件文件。

图10-38 平移台承重台

2. 创建承重台主体

（1）绘制草图。

1）在"FeatureManager 设计树"中选择"前视基准面"作为绘制图形的基准面，然后单击"草图"控制面板中的"边角矩形"按钮▭，以原点为角点绘制一个矩形。

2）执行"工具"→"标注尺寸"→"智能尺寸"菜单命令，或者单击"草图"控制面板中的"智能尺寸"按钮 ，标注矩形各边的尺寸，结果如图 10-39 所示。

（2）拉伸实体。

1）执行"插入"→"凸台/基体"→"拉伸"菜单命令，或者单击"特征"控制面板中的"拉伸凸台/基体"按钮 ，此时系统弹出"凸台-拉伸"属性管理器。

2）在"深度"一栏中输入 88mm，然后单击属性管理器中的按钮 ，结果如图 10-40 所示。

图10-39 标注尺寸

图10-40 拉伸后的图形

（3）绘制草图。

1）单击图 10-40 中的面 1，然后单击"视图（前导）"工具栏"视图定向"中的"正视于"按钮 ，将该表面作为绘制图形的基准面。

2）单击"草图"控制面板中的"边角矩形"按钮 ，在上一步设置的基准面上绘制一个矩形。

3）单击"草图"控制面板中的"智能尺寸"按钮 ，标注上一步绘制的草图的尺寸，结果如图 10-41 所示。

（4）拉伸切除实体。

1）执行"插入"→"切除"→"拉伸"菜单命令，或者单击"特征"控制面板中的"拉伸切除"按钮 ，此时系统弹出"切除-拉伸"属性管理器。

2）在"深度"一栏中输入 2mm，然后单击属性管理器中的按钮 ，结果如图 10-42 所示。

3．创建连接轴孔

（1）绘制草图。

1）单击图 10-42 中的面 1，然后单击"视图（前导）"工具栏"视图定向"中的"正视于"按钮 ，将该表面作为绘制图形的基准面。

图10-41 标注尺寸

图10-42 拉伸切除后的图形

2）单击"草图"控制面板中的"圆"按钮 ，在上一步设置的基准面上绘制两个圆。

3）单击"草图"控制面板中的"智能尺寸"按钮 ，标注上一步绘制的草图的尺寸，结果如图 10-43 所示。

（2）拉伸切除实体

1）单击"特征"控制面板中的"拉伸切除"按钮 ，此时系统弹出"切除-拉伸"属性管理器。

2）在"终止条件"一栏的下拉列表中选择"完全贯穿"选项。单击按钮 ✔，结果如图 10-44 所示。

图10-43 标注尺寸

图10-44 拉伸切除后的图形

（3）绘制草图。

1）单击图 10-44 中的面 1，然后单击"视图（前导）"工具栏"视图定向"中的"正视于"按钮 ，将该表面作为绘制图形的基准面。

2）单击"草图"控制面板中的 "边角矩形"按钮 ，在上一步设置的基准面上绘制一个矩形。

3）单击"草图"控制面板中的"智能尺寸"按钮 ，标注上一步绘制的矩形的尺寸及其定位尺寸，结果如图 10-45 所示。

（4）拉伸切除实体。

1）单击"特征"控制面板中"拉伸切除"按钮 ，此时系统弹出"切除-拉伸"属性管理器。

2）在"深度"一栏中输入 60mm，单击属性管理器中的按钮 ✔，结果如图 10-46 所示。

图10-45 标注尺寸

图10-46 拉伸切除后的图形

（5）绘制草图。

1）单击图 10-46 中后面的表面，然后单击"视图（前导）"工具栏"视图定向"中的"正视于"按钮 ，将该表面作为绘制图形的基准面。

2）单击"草图"控制面板中的"边角矩形"按钮 ，在上一步设置的基准面上绘制一个矩形。

3）单击"草图"控制面板中的"智能尺寸"按钮 ，标注上一步绘制的矩形的尺寸及其定位尺寸，结果如图 10-47 所示。

（6）拉伸切除实体。

1）单击"特征"控制面板中的"拉伸切除"按钮 ，系统弹出"切除-拉伸"属性管理器。

2）在"深度"一栏中输入 13mm，然后单击按钮 ✓，结果如图 10-48 所示。

图10-47 标注的草图

图10-48 拉伸切除后的图形

（7）绘制草图。

1）单击图 10-48 中的面 1，然后单击"视图（前导）"工具栏"视图定向"中的"正视于"按钮 ⏷，将该表面作为绘制图形的基准面。

2）单击"草图"控制面板中的"圆"按钮 ⊙，在上一步设置的基准面上绘制一个圆。

3）单击"草图"控制面板中的"智能尺寸"按钮 ⟲，标注上一步绘制的圆的直径及其定位尺寸，结果如图 10-49 所示。

（8）拉伸切除实体。

1）单击"特征"控制面板中的"拉伸切除"按钮 ⬛，此时系统弹出"切除-拉伸"属性管理器。

2）在"终止条件"一栏的下拉列表中标选择"完全贯穿"选项。单击属性管理器中的按钮 ✓，结果如图 10-50 所示。

4．创建螺纹孔

（1）绘制草图。单击图 10-50 中的面 1，然后单击"视图（前导）"工具栏"视图定向"中的"正视于"按钮 ⏷，将该表面作为绘制图形的基准面。

（2）添加螺纹孔。

1）执行"插入"→"特征"→"孔向导"菜单命令，或者单击"特征"控制面板中的"异型孔向导"按钮 ◉，此时系统弹出如图 10-51 所示的"孔规格"属性管理器。

图10-49 标注尺寸

图10-50 拉伸切除后的图形

2）按照图 10-51 所示进行设置后，单击"位置"按钮，然后单击上一步设置的基准面，添加 4 个点，作为螺纹孔的位置并标注尺寸，结果如图 10-52 所示。单击按钮 ✓，结果如图 10-53 所示。

（3）绘制草图。单击图 10-53 中的面 1，然后单击"视图（前导）"工具栏"视图定向"中的"正视于"按钮 ⏷，将该表面作为绘制图形的基准面。

（4）添加螺纹孔。参考上面的步骤，在图 10-53 中的面 1 上添加 M6 的螺纹孔，设置孔深为 10mm，螺纹孔的位置如图 10-54 所示。单击"孔规格"属性管理器中的"完成"按钮，结果如图 10-38 所示。

图10-51 "孔规格"属性管理器 　　　　　　图10-52 螺纹孔位置

5. 保存文件

单击"保存"按钮 ，将零件保存为"承重台.sldprt"。

图10-53 添加螺纹孔 　　　　　　　　　图10-54 螺纹孔位置

10.5 承物板

绘制平移台的承物板，如图 10-55 所示。首先绘制承物板主体轮廓草图并拉伸实体，然后在相应的位置添加柱形沉头孔和螺纹孔。

本案例视频内容："X：\动画演示\第 10 章\承物板.avi"

1．建立新的零件文件

启动 SOLIDWORKS 2018，执行"文件"→"新建"菜单命令，创建一个新的零件文件。

2．创建承物板主体

（1）绘制草图。

1）在"FeatureManager 设计树"中选择"前视基准面"作为绘制图形的基准面。

2）单击"草图"控制面板中的"边角矩形"按钮□，以原点为角点绘制一个矩形，设置矩形的各边长度均为 120mm。

图10-55承物板

（2）拉伸实体。

1）执行"插入"→"凸台/基体"→"拉伸"菜单命令，或者单击"特征"控制面板中的"拉伸凸台/基体"按钮，此时系统弹出"凸台-拉伸"属性管理器。

2）在"深度"一栏中输入 8mm。单击属性管理器中的按钮✔，结果如图 10-56 所示。

3．创建柱形沉头孔

（1）设置基准面。单击图 10-56 中的面 1，然后单击"视图（前导）"工具栏"视图定向"中的"正视于"按钮，将该表面作为绘制图形的基准面。

（2）添加柱形沉头孔。

1）单击"特征"控制面板中的"异型孔向导"按钮，此时系统弹出如图 10-57 所示的"孔规格"属性管理器。

2）按照图 10-57 所示进行设置后，单击"位置"按钮，然后单击上一步设置的基准面，添加两个点，作为柱形沉头孔的位置并标注尺寸，结果如图 10-58 所示。单击属性管理器中的按钮✔，结果如图 10-59 所示。

图10-56 拉伸后的图形　图10-57 "孔规格"属性管理器　图10-58 钻孔位　图10-59 添加孔后的图形

4．创建螺纹孔

1）参考上面的步骤，在图 10-59 的外表面上添加 M6 的螺纹孔，设置孔深为"完全贯穿"，螺纹孔的位置如图 10-60 所示。单击"孔规格"属性管理器中的按钮 ✔，结果如图 10-61 所示。

2）参考上面的步骤，在图 10-59 的外表面上添加 M4 的螺纹孔，孔深为"完全贯穿"，螺纹孔的位置如图 10-62 所示。单击"孔规格"属性管理器中的"完成"按钮，结果如图 10-63 所示。

5．保存文件

单击"保存"按钮 ，将零件保存为"承物板.sldprt"。最后的效果如图 10-55 所示。

图10-60 螺纹孔位置

图10-61 添加螺纹孔

图10-62 螺纹孔位置

图10-63 添加螺纹孔

10.6 后挡板堵盖

绘制平移台的后挡板堵盖，如图 10-64 所示。首先绘制后挡板堵盖主体轮廓草图并拉伸实体，然后添加柱形沉头孔并圆周阵列实体。

本案例视频内容："X:\动画演示\第 10 章\后挡板堵盖.avi"。

1．建立新的零件文件

启动 SOLIDWORKS 2018，执行"文件"→"新建"菜单命令，创建一个新的零件文件。

2．创建堵盖的主体

（1）绘制草图。

1）在"FeatureManager 设计树"中选择"前视基准面"作

图10-64 后挡板堵盖

为绘制图形的基准面。

2）单击"草图"控制面板中的"圆"按钮⊙，以原点为圆心绘制一个直径为30mm的圆。

（2）拉伸实体。

1）执行"插入"→"凸台/基体"→"拉伸"菜单命令，或者单击"特征"控制面板中的"拉伸凸台/基体"按钮⑩，此时系统弹出"凸台-拉伸"属性管理器。

2）在"深度"一栏中输入6mm，单击属性管理器中的按钮✔，结果如图10-65所示。

3．创建柱形沉头孔

（1）设置基准面。单击图10-65中的面1，然后单击"视图（前导）"工具栏"视图定向"中的"正视于"按钮↧，将该表面作为绘制图形的基准面。

（2）添加柱形沉头孔。

1）执行"插入"→"特征"→"孔向导"菜单命令，或者单击"特征"控制面板中的"异型孔向导"按钮🔘，此时系统弹出如图10-66所示的"孔规格"属性管理器。

2）按照图10-66所示进行设置后，单击"位置"按钮，然后单击上一步设置的基准面，添加一个点，作为柱形沉头孔的位置并标注尺寸，结果如图10-67所示。单击属性管理器中的按钮✔，结果如图10-68所示。

图10-65 拉伸后的图形　　　　图10-66 "孔规格"属性管理器

4. 圆周阵列实体

1）执行"插入"→"阵列/镜像"→"圆周阵列"菜单命令，或者单击"特征"控制面板中的"圆周阵列"按钮♣️，此时系统弹出如图 10-69 所示的"圆周阵列"属性管理器。

2）在"阵列轴"一栏中选择图 10-68 中通过原点的临时轴，在"实例数"一栏中输入 6，在"要阵列的特征"一栏中选择添加的柱形沉头孔。单击属性管理器中的按钮✓，结果如图 10-70 所示。

图10-67 柱形沉头孔位置

图10-68 添加柱形沉头孔

5. 保存文件

单击"保存"按钮🖫，将零件保存为"后挡板堵盖.sldprt"。最后的效果如图 10-64 所示。

图10-69 "圆周阵列"属性管理器

图10-70 阵列后的图形

10.7 装配

绘制平移台装配体，如图 10-71 所示。首先创建一个装配体文件，然后依次插入平移台装配体的零部件，最后添加配合并调整视图方向。

本案例视频内容："X：\动画演示\第10章\平移台装配体.avi"。

图10-71 平移台装配体

1．建立新的零件文件

启动 SOLIDWORKS 2018，执行"文件"→"新建"菜单命令，或者单击标准工具栏中的"新建"按钮，在弹出的"新建 SOLIDWORKS 文件"属性管理器中单击"装配体"按钮，然后单击"确定"按钮，创建一个新的装配体文件。

2．底座与后挡板装配

1）插入底座。执行"插入"→"零部件"→"现有零件/装配体"菜单命令，此时系统弹出如图 10-72 所示的"开始装配体"属性管理器。单击"浏览"按钮，此时系统弹出如图 10-73 所示的"打开"对话框，在其中选择需要的零部件，即底座。单击"打开"按钮，此时所选的零部件显示在图 10-72 中的"打开文档"一栏中。单击属性管理器中的按钮，此时所选的零部件出现在视图中，结果如图 10-74 所示。

图10-72 "开始装配体"属性管理器　　　　图10-73 "打开"对话框

2）插入后挡板。执行"插入"→"零部件"→"现有零件/装配体"菜单命令，插入后挡板（具体步骤可以参考前面的介绍），将后挡板插入到图中合适的位置，结果如图 10-75 所示。

3）添加配合关系。执行"插入"→"配合"菜单命令，或者单击"装配体"控制面板中的"配合"按钮 ⌘，此时系统弹出"配合"属性管理器。选择图10-75中的面1和后挡板的背面，单击属性管理器中的"重合"按钮⟋，然后单击属性管理器中的按钮✓。重复此命令，将底座的背面和后挡板的底面设置为"重合"配合关系，将图10-75中的边1和边2设置为"同轴心"配合关系，结果如图10-76所示。

图10-74 插入底座后的图形　　　　　　图10-75 插入后挡板后的图形

3. 前挡板装配

1）插入前挡板。执行"插入"→"零部件"→"现有零件/装配体"菜单命令，插入前挡板（具体步骤可以参考前面的介绍），将前挡板插入到图中合适的位置，结果如图10-77所示。

图10-76 配合后的图形　　　　　　图10-77 插入前挡板后的图形

2）添加配合关系。执行"插入"→"配合"菜单命令，或者单击"装配体"控制面板中的"配合"按钮 ⌘，将图10-77中的边1和边2设置为"同轴心"配合关系；将面1和面3设置为"重合"配合关系，将面2和面4设置为"平行"配合关系，结果如图10-78所示。

4. 电动机支架装配

1）插入电动机支架。执行"插入"→"零部件"→"现有零件/装配体"菜单命令，插入电动机支架（具体步骤可以参考前面的介绍），将电动机支架插入到图中合适的位置，结果如图10-79所示。

2）添加配合关系。执行"插入"→"配合"菜单命令，或者单击"装配体"控制面板中的"配合"按钮 ⌘，将图10-79中的边1和边2设置为"同轴心"配合关系；将面2和电动机支架的背面设置为"重合"配合关系，将面1和面3设置为"平行"配合关系，结果如图10-80所示。

5. 光杆装配

1）插入光杆。执行"插入"→"零部件"→"现有零件/装配体"菜单命令，插入光杆(具体步骤可以参考前面的介绍),将光杆插入到图中合适的位置,结果如图 10-81 所示。

图10-78 配合后的图形

图10-79 插入电动机支架后的图形

2)添加配合关系。执行"插入"→"配合"菜单命令,或者单击"装配体"控制面板中的"配合"按钮◎,将图 10-81 中的边 1 和边 2 设置为"同轴心"配合关系,将面 1 和面 2 设置为"重合"配合关系,结果如图 10-82 所示。重复插入光杆命令,插入另一侧的光杆并添加配合关系,结果如图 10-83 所示。

图10-80 配合后的图形

图10-81 插入光杆后的图形

图10-82 配合后的图形

图10-83 配合后的图形

6.丝杠装配

1)插入丝杠。执行"插入"→"零部件"→"现有零件/装配体"菜单命令,插入丝杠(具体步骤可以参考前面的介绍),将丝杠插入到图中合适的位置,结果如图 10-84 所示。

2)添加配合关系。执行"插入"→"配合"菜单命令,或者单击"装配体"控制面板中的"配合"按钮◎,将图 10-84 中的边 1 和边 2 设置为"同轴心"配合关系,将丝杠的左侧端面和后挡板左侧端面设置为"重合"配合关系,结果如图 10-85 所示。

7.承重台装配

1)插入承重台。执行"插入"→"零部件"→"现有零件/装配体"菜单命令,插入承重台(具体步骤可以参考前面的介绍),将承重台插入到图中合适的位置,结果如图 10-86 所示。

2)添加配合关系。执行"插入"→"配合"菜单命令,或者单击"装配体"控制面板中的"配合"按钮🖉，将图10-86中的边1和圆柱2设置为"同轴心"配合关系，将承重台的底面和面1设置为"重合"配合关系。

图10-84 插入丝杠后的图形

图10-85 配合后的图形

3）移动承重台。执行"工具"→"零部件"→"移动"菜单命令，或者单击"装配体"控制面板中的"移动零部件"按钮🖘，将视图中的承重台移动到合适的位置，结果如图10-87所示。

图10-86 插入承重台后的图形

图10-87 移动后的图形

8. 承物板装配

1）插入承物板。执行"插入"→"零部件"→"现有零件/装配体"菜单命令，插入承物板（具体步骤可以参考曲面的介绍），将承物板插入到图中合适的位置，结果如图10-88所示。

2）添加配合关系。执行"插入"→"配合"菜单命令，或者单击"装配体"控制面板中的"配合"按钮🖉，将图10-88中的边1和边2设置为"同轴心"配合关系，将承重台的上表面和承物板的下底面设置为"重合"配合关系，将面1和面2设置为"平行"配合关系，结果如图10-89所示。

图10-88 插入承物板后的图形

图10-89 配合后的图形

9. 电动机装配

1）插入电动机。执行"插入"→"零部件"→"现有零件/装配体"菜单命令，插入电动机。具体步骤可以参考上面的介绍，将电动机插入到图中合适的位置，结果如图10-90所示。

2）添加配合关系。执行"插入"→"配合"菜单命令，或者单击"装配体"控制面板中的"配合"按钮，将图10-90中的圆柱面和边1设置为"同轴心"配合关系，将面1和面2设置为"重合"配合关系，将面3和面4设置为"平行"配合关系，结果如图10-91所示。

10．手轮装配

1）插入手轮。执行"插入"→"零部件"→"现有零件/装配体"菜单命令，插入手轮（具体步骤可以参考曲面的介绍），将手轮插入到图中合适的位置，结果如图10-92所示。

2）添加配合关系。单击"装配体"控制面板中的"配合"按钮，将图10-92中的面1和面2设置为"重合"配合关系，将面3和面4设置为"同心轴"配合关系，结果如图10-93所示。

图10-90 插入电动机后的图形

图10-91 配合后的图形

图10-92 插入手轮后的图形

图10-93 配合后的图形

11．后挡板堵盖装配

1）插入后挡板堵盖。执行"插入"→"零部件"→"现有零件/装配体"菜单命令，插入后挡板堵盖（具体步骤可以参考曲面的介绍），将后挡板堵盖插入到图中合适的位置，结果如图10-94所示。

2）添加配合关系。单击"装配体"控制面板中的"配合"按钮，将图10-94中的面2和面4设置为"同轴心"配合关系，将面1和面3设置为"重合"配合关系，结果如图10-95所示。

12．承重台堵盖装配

1）插入承重台堵盖。执行"插入"→"零部件"→"现有零件/装配体"菜单命令，插入承重台堵盖（具体步骤可以参考曲面的介绍），将承重台堵盖插入到图中合适的位置，结果如图10-96所示。

2）添加配合关系。单击"装配体"控制面板中的"配合"按钮，将图10-96中的面1和面4设置为"同轴心"配合关系，将面2和面3设置为"重合"配合关系，将面5和面6设置为"重合"配合关系，结果如图10-97所示。

图10-94 插入后挡板堵盖后的图形

图10-95 配合后的图形

13. 保存文件

单击"保存"按钮，将零件保存为"平移台.sldprt"。最后的效果如图 10-97 所示。

图10-96 插入承重台堵盖后的图形

图10-97 配合后的图形